KIELER GEOGRAPHISCHE SCHRIFTEN

Begründet von Oskar Schmieder

Herausgegeben vom Geographischen Institut der Universität Kiel

durch J. Bähr, H. Klug und R. Stewig

Schriftleitung: S. Busch

Band 79

ERNST-WALTER REICHE

Entwicklung, Validierung und Anwendung eines Modellsystems zur Beschreibung und flächenhaften Bilanzierung der Wasser- und Stickstoffdynamik in Böden

KIEL 1991

IM SELBSTVERLAG DES GEOGRAPHISCHEN INSTITUTS
DER UNIVERSITÄT KIEL
ISSN 0723 - 9874
ISBN 3 - 923887 - 21 - 3

CIP-Titelaufnahme der Deutschen Bibliothek

Reiche, Ernst-Walter:

Entwicklung, Validierung und Anwendung eines Modellsystems zur Beschreibung und flächenhaften Bilanzierung der Wasser- und Stickstoffdynamik in Böden / Ernst-Walter Reiche. Geographisches Institut der Universität Kiel. - Kiel: Geograph. Inst., 1991
(Kieler geographische Schriften; Bd. 79)
Zugl.: Kiel, Univ., Diss., 1990
ISBN 3-923887-21-3

NE: GT

Gedruckt mit Unterstützung des Rektorats der Christian-Albrechts-Universität zu Kiel

Vorwort

Die Entwicklung von Instrumenten zur Vorhersage des Verhaltens von Stoffen in unterschiedlichen Umweltmedien stellt einen wichtigen Arbeitsschwerpunkt im Bereich der ökologisch orientierten Forschung dar. Am Geographischen Institut der Unversität Kiel wurden unter der Leitung von Professor Dr. Otto Fränzle eine Reihe von Forschungsvorhaben zu diesem Thema durchgeführt. Die vorliegende Dissertation entstand im Rahmen des Projektes "Erarbeitung und Erprobung einer Konzeption für die integrierte, regionalisierende Umweltbeobachtung am Beispiel des Bundeslandes Schleswig-Holstein" (FE-Vorhaben 10902033), dessen Hauptanliegen in der Verknüpfung von ökologischer Grundlagenforschung mit praxisorientierter Umweltplanung bestand. Herrn Professor Dr. Otto Fränzle gilt mein herzlicher Dank für die Förderung und Betreuung dieser Arbeit.

Ohne die konstruktive Zusammenarbeit aller Projektmitarbeiter wäre die Realisierung dieser Arbeit nicht möglich gewesen. Mein besonderer Dank gilt dabei Sylvia Marx, Thekla Schütt, Ismo Bruhm, Andreas Klein, Michael Reetz und Erik Jord. Ebenso habe ich von einzelnen Mitarbeitern des Forschungsvorhabens "Ökosystemforschung im Bereich der Bornhöveder Seenkette" wertvolle Unterstützung erfahren. Ganz besonders gedankt sei hier Antje Branding, Dr. Friedrich Hoffmann und Dr. F. Müller.

Für fachliche Anregungen danke ich auch den Mitarbeitern des Geologischen Landesamtes E. Cordsen und K. Siehm. Ebenso habe ich den Herausgebern und dem Schriftleiter der Kieler Geographischen Schriften für die Möglichkeit der Publikation dieser Arbeit zu danken.

Schließlich danke ich Martina Jekat für ihr großes Verständnis, das sie meiner Arbeit entgegenbrachte.

Das Manuskript wurde im Mai 1990 abgeschlossen.

Kiel, im Februar 1991 Ernst-Walter Reiche

Inhaltsverzeichnis

Abbildungsverzeichnis

Tabellenverzeichnis

Symbolverzeichnis

1. Symbole zur Berechnung der Stoff- und Wasserdynamik in Böden

c =Konzentration eines gelösten Stoffes in der Bodenlösung
C_{org} =Gehalt an organischem Kohlenstoff
D =scheinbarer Diffusionskoeffizient
EPT = potentielle Evapotranspiration
e_s = Luftfeuchte gesättigt
e_a = Luftfeuchte aktuell
ETA = aktuelle Evapotranspiration
F = Fläche
h = Höhe des Aquifers
i = Nummer des Bodenkompartimentes
j = Zeitpunkt
Ψ = Wasserspannung
k = Wasserleitfähigkeit
im = immobiler Anteil
l = Entfernung zum Vorfluter
LAI = Blattflächenindex
mob = mobiler Anteil

pF = log (Ψ)
Q = Grundwasserabflußrate
q = vertikaler Wasserfluß im Boden
S = Senkenterm
T = Tongehalt
t = Zeitkoordinate
U = Schluffgehalt (hier Mittel- u. Feinschluff)
z = Ortsachse

2. Symbole zur Berechnung der Stickstoffdynamik im Boden

DNR = Dentitrifikationsrate
GNH_4 = Ammonium aus Gülle

GON	= organisch gebundener Stickstoff an der Bodenoberfläche
Knitr	= Reduktionsfunktion zur Bestimmung der Nitrifikationsrate
MG	= Mischgülle
MF	= Bodenwassergehalt
Min	= Mineralisationsrate
NH_4	= Ammoniumgehalt
NO_3	= Nitratgehalt
N_{pot}	= potentiell mineralisierbarer Boden-Stickstoffanteil
N_{HUM}	= organisch gebundener Stickstoff
PV	= Porenvolumen
RFONG	= Mineralisation in einzelnen Bodenkompartimenten
RG	= Rindergülle
RGON	= Mineralisierungsrate an der Bodenoberfläche
S	= Stoffmenge
SG	= Schweinegülle
T	= Temperatur
TF	= Temperaturfaktor
VOL	= Ammoniak-Emission
W	= Funktion des Bodenwassergehaltes

1 Problemstellung und Zielsetzung

In den unterschiedlichsten Bereichen der Umweltforschung nimmt die Entwicklung von Simulationsmodellen eine zunehmend wichtige Stellung ein. Modelle sollen einerseits dazu beitragen, die komplexen in Ökosystemen ablaufenden Prozesse zu verstehen und stellen andererseits für die Zukunft ein wichtiges Instrument der ökologisch orientierten Planung dar. Sie bieten schon heute Aussagemöglichkeiten, insbesondere hinsichtlich begrenzter Einzelprozesse (Eutrophierung von Gewässern, pflanzliche Produktion, Wasserhaushalt), während die Validität umfassender Ansätze (globale Klimamodelle, Waldschadensmodelle) umstritten ist.

Die Umweltplanung sieht sich ständig mit der Situation konfrontiert, die umweltrelevanten Auswirkungen miteinander konkurrierender Nutzungen quantitativ zu bestimmen, Nutzungsalternativen im Rahmen von Umweltverträglichkeitsprüfungen zu bewerten und die Folgen einer geplanten Nutzungsänderung vorherzusagen. Aus finanziellen und technischen Gründen sind Meßergebnisse meist nur in einem beschränktem Umfang verfügbar, und diese können in der Regel lediglich die aktuelle Situation kennzeichnen. Die Ergebnisse von sorgfältig kalibrierten und validierten Simulationsmodellen bieten hier eine wichtige Ergänzung, Arbeitserleichterung und Objektivierung auf wissenschaftlicher, modelltheoretisch untermauerter Grundlage, zumal sie Prognosen bzw. Aussagen über zürückliegende Ereignisse ermöglichen.

Aufgrund der aktuellen Problematik wurden in der Vergangenheit eine größere Anzahl von Modellen zur Beschreibung der Stoff- und Wasserdynamik in Böden entwickelt. Eine typische Zielsetzung dieser Modelle ist es, die Auswaschungsgefahr von Nähr- und Schadstoffen und damit die Gefahr einer Grundwasserkontamination abzuschätzen. Von besonderem Interesse ist dabei die quantitative Erfassung der durch hohe Düngereinträge aus der Landwirtschaft bedingten Nitratauswaschung, weil in vielen Gebieten die Trinkwasserqualität durch die erhöhten Nährstoffgehalte in starkem Maße gefährdet ist.

Im Rahmen dieser Arbeit soll die Entwicklung und Anwendung eines Modellsystems dargestellt werden, welches die Wasser- und Stickstoffdynamik in Böden beschreibt und flächenhaft bilanziert. Ein wichtiges Anliegen bei der Modellformulierung war der Versuch, einen möglichst hohen planerischen - also regionalisierenden - Anwendungsbezug herzustellen, so daß die Beschränkung auf wenige, möglichst allgemeinverfügbare Eingabeparameter bei hinreichender Aussagegenauigkeit als Charakteristikum des erarbeiteten Modellsystems zu bezeichnen ist. Dabei wurde zum Teil auf vorhandenen Modellansätzen aufgebaut, die modifiziert, ergänzt und mit einem "Geographischen Informationssystem " verknüpft wurden. Hierzu war es notwendig, das Arbeitskonzept anhand der folgenden Teilziele zu strukturieren:

1. Erarbeitung einer geeigneten Software-Umgebung für das Modellsystem,

2. Entwicklung eines flächenhaft einsetzbaren Simulationsmodells zur Beschreibung und Vorhersage des Bodenwasserhaushalts und Erweiterung des Modells zur Vorhersage des Wasserhaushalts von Einzugsgebieten,

3. Anbindung eines allgemeinen Stofftransportmodells unter Berücksichtigung von Perkolations-, Ad- und Desorptions-, Dispersions- und Verteilungsprozessen bei Differenzierung verschiedener Lösungsfraktionen an das Wasserhaushaltsmodul,

4. Integration von Teilmodellen zur Beschreibung des Stickstoffhaushalts von Böden,

5. Kalibrierung und Validierung des Modellsystems anhand selbständig erhobener Zeitreihenuntersuchungen zum Wasser- und Stickstoffhaushalt von 28 Meßstellen,

6. Ableitung flächendeckender Modellparameter,

7. Regionalisierende Anwendung des Modellsystems

Anhand dieser Ziele gliedert sich die vorgelegte Arbeit folgendermaßen:

Im ersten Abschnitt werden alle Teilmodelle zur Beschreibung des vertikalen Wasser- und Stofftransports unter Berücksichtigung der die Stickstoffdynamik charakterisierenden Teilprozesse beschrieben.

Im Anschluß erfolgt die ausführliche Darstellung der Überprüfung einzelner Teilmodelle anhand von Meßwerten, die zum größten Teil im Rahmen dieser Arbeit an ausgewählten Meßpunkten des Raumes "BORNHÖVEDER SEENKETTE" erhoben wurden. Die sich unter bestimmten Randbedingungen ergebenden Abweichungen zwischen Simulationsergebnissen und Meßwerten werden diskutiert.

In einem dritten Abschnitt werden die einzelnen Arbeitsschritte dargestellt, die auf der Basis von Modellrechnungen zu einer flächenhaften Stoff- und Wasserbilanzierung führen. Dabei steht die Einbeziehung des Oberflächenabflusses sowie die auf einzelne Vorfluter bezogene Bilanzierung von Abflußmengen und Stofffrachten im Vordergrund. Darüber hinaus werden Verfahren zur Ableitung flächendeckender Modellparameter beschrieben, die in Verbindung mit der Anbindung des Modellsystems an das "Geographische Informationssystems" ARC INFO sowie an das Datenbanksystem DBASE größere Gebietssimulationen zulassen. Dabei werden die benötigten bodenphysikalischen Angaben schlagbezogen auf der Basis der unterschiedlichen Informationsebenen der Bodenschätzung abgeleitet. Zu diesem Zweck wurden Übersetzungs- und Ableitungsprogramme entwickelt. Um differenziertere Kenntnisse über die Stoffeinträge durch Düngung zu erhalten, wurde im Untersuchungsgebiet "BORNHÖVEDER SEENKETTE" eine Fragebogenerhebung durchgeführt. Die Auswertung der Ergebnisse erfolgte in Hinblick auf die Erstellung von Parameterdateien, die den nach Kulturarten und Düngungsvarianten differenzierten Düngereintrag beinhalten.

Im vierten Abschnitt werden zwei gebietsbezogene Anwendungsbeispiele dargestellt. Das erste Beispiel soll verdeutlichen, inwieweit sich die gemessenen überdurchschnittlich hohen Nitratkonzentrationen eines kleinen, weitgehend aus oberflächennahem Grundwasser gespeisten Baches anhand von Modellrechnungen auf Nutzungseinflüsse zurückführen lassen. Es wird geprüft, ob die Nutzungsextensivierung von Teilflächen im Sinne eines Planungsszenarios zu einer ausreichenden Absenkung der Nitratkonzentrationen führt. In einem zweiten Anwendungsbeispiel wird die standortabhängige Auswaschungsgefährdung der herbstlichen Rest-N_{min}-Gehalte landwirtschaftlich genutzter Mineralböden für ein Teilgebiet des Forschungsraumes "BORNHÖVEDER SEENKETTE" abgeschätzt.

2 Beschreibung eines Simulationsmodells zur Beobachtung des Wasserhaushalts in terrestrischen Ökosystemen

Während der vergangenen zwei Jahrzehnte wurden in unterschiedlichen Fachbereichen der Bio-, Geo- und Agrarwissenschaften Simulationsmodelle entwickelt, deren Zielsetzung u.a. in der Beantwortung ökologisch relevanter Fragestellungen liegt. Der jeweilige Verwendungszweck bestimmt dabei den Umfang und die erforderliche Präzision der Modellaussage. Die Anwendbarkeit ist in erster Linie durch die erforderlichen Eingangsparameter aber auch durch den Bedarf an Rechenzeit und die Anforderungen an die Hard- und Software sowie die Benutzerfreundlichkeit vorgegeben.

Für die Beschreibung der Wasser- und Stoffdynamik im Boden liegt eine größere Anzahl von Modellansätzen vor, die sich in vier Kategorien einordnen lassen:

a) Deterministische Modelle auf hohem Differenzierungsniveau zur Beschreibung bodenphysikalischer Prozesse (BENECKE 1984; DUYNISVELD 1983; FRISSEL & REINIGER 1974; SELIM & ISKANDAR 1981; WIERENGA 1977; ROHDENBURG et al. 1986; LEISTRA & SMELT 1981): Diese Modelle basieren auf mehr oder weniger komplexen Differentialgleichungssystemen. Sie benötigen eine große Zahl von festen und dynamischen Eingangsgrößen, die häufig nur für wenige Standorte verfügbar sind. Es werden Speicher- und Flußgrößen mit hoher Präzision und zeitlicher Auflösung berechnet.

b) Modelle zur Beschreibung des Verhaltens von Chemikalien im Boden mit Schwerpunktlegung auf die Chemikalieneigenschaften (BONAZOUNTAS & WAGNER 1984, MATTHIES et al. 1987, HERRMANN et al. 1986):
Diese Modelle wurden unter der Zielsetzung einer ökochemischen Beschreibung des Verteilungsverhaltens von Umweltchemikalien entwickelt. Die bodenphysikalischen und hydrologischen Randbedingungen werden dabei weniger stark differenziert berücksichtigt, so daß der Aussagewert eher in einer klassifizierenden Abschätzung unterschiedlicher Chemikalien als in einer standortabhängigen Beschreibung der Stoffdynamik liegt.

c) Komplexe ökosystemkompartimentübergreifende Modelle wie Gebietswasserhaushaltsmodelle und Erosionsmodelle:
BORK (1988) stellt 6 unterschiedliche Modellsysteme zur Schätzung der Bodenerosion in einem Vergleich vor. Es wird deutlich, daß zwischen Forschungsmodellen mit hohem Aufwand zur Parameterbestimmung und Bedarf an Rechenzeit und anwendungsbezogenen Ansätzen unterschieden werden muß. Die genaue Erfassung des Bodenwasserhaushalts und der damit gekoppelten Stoffdynamik findet in den genannten Ansätzen in sehr unterschiedlichem Maße Berücksichtigung. Während beispielsweise das Modellsystem EPIC (EROSION

PRODUCTIVITY IMPACT CALCULATOR) den Bodenwasserfluß mit einem auf stark vereinfachten Prozeßbeschreibungen beruhenden Speicherraumverfahren in Tagesschritten berechnet, geschieht dies im OPUS-MODELL (AN ADVANCED SIMULATION MODEL FOR NONE-POINT SOURCE POLLUTION TRANSPORT AT THE FIELD SCALE) in hoher zeitlicher Auflösung auf der Basis von Differentialgleichungssystemen. Aus diesem Grunde können die durch EPIC errechneten Bilanzen nur als Anhaltswerte, die "idealtypische Situationen kennzeichnen", (PIEHLER & LIETH 1987) angesehen werden. Eine Modellvalidierung anhand von standortbezogenen Meßergebnissen erscheint hier kaum erfolgversprechend.

d) Ertragsmodelle zur Abschätzung der von Umwelteinflüssen abhängigen Ertragsentwicklung unterschiedlicher Kulturarten (z.B. RICHIE et al. 1986; HOFFMANN 1988; HANSEN & ALSYNG 1984):
Im Vordergrund dieser Modelle steht das Pflanzenwachstum, so daß bodenphysikalische Prozesse in einer untergeordneten Weise Berücksichtigung finden. Der Anwendungsbereich dieser Modelle beschränkt sich häufig nur auf wenige Kulturarten, der Aufwand bei der Parameterableitung bezüglich der pflanzenspezifischen und anbaubezogenen Eingangsdaten ist teilweise sehr hoch.

Das im folgenden zu beschreibende Modellsystem baut auf einem im Forschungsvorhaben "Darstellung der Vorhersagemöglichkeiten der Bodenbelastung durch Umweltchemikalien" (FRÄNZLE et al. 1987) entwickelten Modellansatz zur Beschreibung der Bodenwasserdynamik sowie des vertikalen Transportes und der De- und Adsorptionsdynamik (WASMOD&STOMOD) auf. Bei der Modellentwicklung stand von Anfang an die möglichst breite Einsetzbarkeit und Übertragbarkeit, d.h. die Anpassung der erforderlichen Eingangsparameter an die vorhandene Datenlage im Vordergrund, was nicht mit einem Verzicht auf analytische, physikalisch begründbare Rechenverfahren verbunden sein muß. Bei der im folgenden zu beschreibenden Weiterentwicklung des Grundmodells stand einerseits die Anbindung von Teilmodellen zur Beschreibung des Boden-Stickstoffhaushalts, andererseits die Schaffung von Modulen zur flächenhaften Einsetzbarkeit im Vordergrund. Darüber hinaus wurden Eingabe- und Ausgabemodule so umgestaltet, daß der Modelleinsatz weitgehend von einem Datenbanksystem unter Einbeziehung eines "GEOGRAPHISCHEN INFORMATIONSSYSTEMS" gesteuert werden kann. Aufgrund der schnellen Weiterentwicklung von Soft- und Hardware wurde auf Beschränkungen hinsichtlich der erforderlichen Rechenzeit bzw. des Speicherbedarfs weitgehend verzichtet. Die im folgenden zu beschreibenden Erweiterungen des Modellsystems WASMOD&STOMOD beziehen sich auf folgende Teilbereiche:

- Erweiterung des Bodenwassermodells um ein Modul zur Berechnung des Drainageabflusses sowie zur Abschätzung der Infiltration

- Anbindung eines Submodells zur Berechnung des Bodenwärmehaushalts

- Anbindung verschiedener Submodelle zur Berechnung des Stickstoffhaushalts unter Berücksichtigung unterschiedlicher Eintragsformen (Mineraldünger, Wirtschaftsdünger) sowie der Einzelprozesse Mineralisierung, Nitrifikation, Denitrifikation, NH_3-Emission und Pflanzenaufnahme von NO_3- und NH_4

- Anbindung des Modells an das Geographische Informationssystem Arc-Info (Kompatibilität von Ein- und Ausgabestrukturen)

- Ausweitung zu einem Gebietsmodell durch Implementierung von Rechenroutinen zur Erstellung von Gebietswasser- und Stoffbilanzen einschließlich der Berücksichtigung des Oberflächenabflusses

2.1 Die mathematische Beschreibung der vertikalen Wasserbewegung im Boden

Ein mathematisches Modell, das die Wasserdynamik in der Bodenzone darstellt, hat die von bodenphysikalischen Kennwerten sowie von Witterungs- und Vegetationsbedingungen abhängige Verweildauer des Bodenwassers in einzelnen Kompartimenten, bzw. seine Bewegung zwischen den Kompartimentschichten zu beschreiben.

Berücksichtigt man den horizontalen Wasserfluß (Interflow bzw. Oberflächenabfluß) nicht, so läßt sich die Wasserbewegung durch die von der Kontinuitätsgleichung und dem Darcy-Gesetz abgeleitete allgemeine Bewegungsgleichung des Bodenwassers beschreiben:

(1)

$$\frac{\delta\theta}{\delta t} = \frac{\delta}{\delta z}\,[k(\theta)\,(\delta\frac{\psi}{\delta z} - 1)]$$

Durch Gleichung 1 wird die ungesättigte vertikale Wasserbewegung in Abhängigkeit von der Wasserleitfähigkeitsfunktion und in Abhängigkeit von der Saugspannungsfunktion (pF-Kurve) beschrieben. Die Änderung des Bodenwassergehalts pro Zeiteinheit hängt von den Veränderungen des Gradienten des Matrixpotentials entlang der vertikalen Raumachse z ab, welche die Fließrichtung darstellt. Sie wird wesentlich bestimmt durch die Größe des

Durchlässigkeitsbeiwertes K. Der Senkenterm S beschreibt die Bilanzänderung durch Evapotranspiration. Auf der Grundlage dieser Differentialgleichung ist es möglich, nach Diskretisierung unter Anwendung der Finite-Differenzen-Methode die Bodenwasserbewegung durch ein numerisches, iterativ ablaufendes Rechenmodell zu beschreiben (DUYNISVELD 1984, BENECKE 1984).
Die entsprechende Differenzengleichung lautet:

(2)

$$\frac{\theta^{j+1}{}_i - \theta^j{}_i}{\Delta t} = \frac{-(q^j{}_{i+1/2} - q^j{}_{1-1/2})}{\Delta z} - s^j{}_i$$

Die Flußrate zwischen dem Kompartimenten i und i+1 wird folgendermaßen berechnet:

(3)

$$q^j{}_{i-1/2} = +k^j{}_{i-1/2} \left[\frac{\psi^j{}_i - \psi^j{}_{i-1} + \Delta z}{\Delta z} \right]$$

mit

$$k^j{}_{i-1/2} = \frac{k(\theta^j{}_{i-1}) + k(\theta^j{}_i)}{2}$$

Damit kann die Wassergehaltsänderung pro Zeitschritt für jedes Kompartiment berechnet werden, sofern die Leitfähigkeits- und Saugspannungsfunktionen bekannt sind. Prinzipiell ist es mit dem beschriebenen Verfahren unter Auslassung bzw. gefälleabhängiger Gewichtung des Gravitationsfaktors möglich, auch den horizontalen Wassertransport wie durch Interflow oder Hangzugwasser zu beschreiben (ROHDENBURG et al. 1986). Wegen des ungleich höheren

Rechenaufwandes wird im folgenden der laterale Fluß nur für die Bodenoberfläche und für den Grundwasserleiter berücksichtigt.

Bei der Beschreibung der Bodenwasserdynamik ist die Einbeziehung des Wassertransfers von der Bodenoberfläche in das oberste Bodenkompartiment (obere Randbedingung) bzw. der Pflanzendecke sowie des Überganges zum Grundwasser (untere Randbedingung) notwendig. Die Festlegung der unteren Randbedingung kann auf unterschiedliche Weise geschehen. Eine in der Literatur häufig beschriebene Methode ist die Konstantsetzung der Saugspannung des untersten Kompartimentes. Um eine praktikable Anbindung der Berechnung des Bodenwassers an die Grundwasserdynamik zu erreichen, wurde hier ein modifiziertes Berechnungsverfahren angewendet. Die Schichtdicke des untersten, über dem Grundwasser liegenden Kompartimentes wird variabel gehalten. Hier wird der Potentialgradient als Differenz zwischen aktuellem Matrixpotential und dem sich unter stationären Bedingungen in Abhängigkeit zur Grundwassertiefe einstellenden Potential berechnet. Die Flußrate in das unterste Kompartiment, also in den Grundwasserkörper, wird nach Gleichung 4 berechnet.

(4)

$$SRU_n = -\frac{ku_n}{m_n - m_{n+1})} * \frac{\psi_n}{\Delta z_n} + \frac{3}{2}$$

Eine positive Sickerrate führt zum Anstieg des Grundwassers, d.h. die vertikale Achse des untersten Kompartimentes verringert sich, umgekehrt findet bei einer negativen Sickerrate (kapillarer Aufstieg) ein Grundwasserabfall bzw. eine vertikale Ausdehnung des untersten Kompartimentes statt. Dieses Verfahren macht es notwendig, einen weiteren Term zur Berechnung des Grundwasserabflusses einzuführen, da anderenfalls der berechnete Grundwasseranstieg zu Instabilitäten führen könnte. Der Grundwasserabfluß wird daher in Anlehnung an die Darcy-Gleichung stark vereinfachend in Abhängigkeit von dem Gefälle des Grundwassers, bezogen auf die Lage des zu berechnenden Punktes, und vom k_f-Wert des Grundwasserleiters bestimmt, wobei der Zufluß aus anliegenden Gebieten als konstant angenommen wird. Da durch diese verallgemeinernde Vorgehensweise Unpräzisionen auftreten können, ist geplant, das grundwasserbezogene Modul in Zukunft durch genauere hydrogeologische Verfahren zu erweitern (z B. SCHMID 1980, MATTHEß 1990).

(5)

$$\frac{\Delta\theta_{n+1}}{\Delta t}=\frac{SRU_n}{FWK_n}-kf_n\frac{h}{l}$$

Das Rechenmodell WASMOD bietet auch die Möglichkeit, Wasserabfluß aus einem beliebigen Kompartiment als Dränabfluß abzuschätzen. Als Berechnungsgrundlage wird ebenfalls Gleichung 5 herangezogen, wobei der Dränabfluß in Abhängigkeit vom mittleren Dränabstand, der Dräntiefe, der mittleren berechneten Aufwölbung zwischen den Dränen und den k_f-Werten der wassergesättigten Schichten ermittelt wird.

Bei der modellhaften Formulierung der oberen Randbedingungen muß neben dem Niederschlag die Interzeption, die Evapotranspiration sowie temporär auftretendes Oberflächenwasser Berücksichtigung finden. Bei in Form von Meßergebnissen vorgegebenen Niederschlagswerten wird der Interzeptionsverlust anhand der von HOYNINGEN HUENE (1982) empirisch ermittelten Gleichungen in Abhängigkeit vom Blattflächenindex BI berechnet.

(6)

$$N_i=-0.42+0.245N_O+0.2LAI+0.0271N_OLAI-0.0111N_O^2-0.0109LAI^2$$

Der Interzeptionsverlust steigt in Abhängigkeit von der Niederschlagsmenge bis zu einer oberen Grenze, die durch Gleichung 7 beschrieben wird.

(7)

$$N_{i_{max}}=0.935+0.498LAI-0.00575LAI^2$$

Der als Differenz von Freilandniederschlag und Interzeptionsrate berechnete Bestandesniederschlag wird als Vorratsänderung zum Wassergehalt des obersten Kompartimentes hinzuaddiert, solange das Porenvolumen dieses Kompartimentes nicht überschritten ist. Dies kann dann der Fall sein, wenn bei grundwassernahen Böden hohe Wassereinträge zur vollständigen Sättigung der Bodensäule führen, oder wenn aufgrund niedriger Durchlässigkeitsbeiwerte die

Versickerung in die tieferen Kompartimente so langsam abläuft, daß das oberste Kompartiment den Sättigungspunkt erreicht. Der Wasseranteil, der nicht infiltriert , wird bei niedriger Hangneigung bzw. dichtem Bewuchs als Oberflächenwasser für den folgenden Simulationszeitschritt gespeichert und kann bei entsprechender Abnahme des Bodenwassergehalts in die obersten Schicht infiltrieren. Steigt die berechnete Menge an nicht infiltriertem Wasser über eine von der jeweiligen Vegetationsdecke abhängige Höhe (SCHWERTMANN 1980), so wird diese Wassermenge bei entsprechender Hangneigung (>2% Gefälle) als Oberflächenabfluß bilanziert (s.Kapitel 4).

Der modellhaften Berechnung der aktuellen Evapotranspiration liegt die nach HAUDE ermittelte potentielle Evapotranspiration zugrunde. Verschiedene Autoren (HEGER 1978, ERNSTBERGER 1987, BEINHAUER 1989) ermitteln für unterschiedliche phänologische Phasen und Kulturarten spezifische Pflanzenfaktoren, die anstelle der in der Originalgleichung (HAUDE 1954) verwendeten Konstanten eingesetzt werden. ERNSTBERGER (1987) stellt fest, daß bei der Abschätzung der potentiellen Evapotranspiration "die meisten Approximationen mit dem Verfahren HAUDE-Bodenwasserhaushalt signifikant besser erfolgen können, als mit der PENMAN-Methode" (ERNSTBERGER 1987, S.128). Ein wesentlicher Vorteil der HAUDE--Methode ist neben der bei Betrachtung mehrtägiger Zeiträume guten Aussageschärfe die einfache Handhabbarkeit, da das Sättigungsdefizit als Funktion der Temperatur und des Wassergehalts der Luft in Form täglicher Meßwerte für viele Stationen des Deutschen Wetterdienstes bekannt ist. Durch die Verwendung von empirisch gut abgesicherten, spezifischen, jeweils auf Entwicklungsstadien bezogenen Pflanzenfaktoren kann auf aufwendige Subprogramme zur Berechnung des Transpirationspotentials verzichtet werden.

(8)

$$EP=f(e_s-e_a)_{14.00\,Uhr}$$

Die aktuelle Evapotranspiration wird in Abhängigkeit von der relativen Durchwurzelungsintensität als Funktion der Tiefe für einzelne Kompartimente in Anlehnung an BRAUN (1975) berechnet. Dabei wird vereinfachend nur für die obersten Kompartimente eine Evaporationsrate bestimmt; der Betrag der potentiellen Evapotranspiration wird hier um die Höhe des Interzeptionsverlustes reduziert. Die Wasserentzugsrate entspricht damit der potentiellen Evapotranspiration, wenn der Boden wassergesättigt ist, bzw. Oberflächenwasser im vorausgegangenen Rechenschritt bilanziert wurde.

(9)

$$ET_A = ET_P * VF * e^{\Psi/4000}$$

mit: ETA = Aktuelle Evapotranspiration
ETP = Potentielle Evapotranspiration
VF = Vegetationsfaktor

Bei ungesättigten Verhältnissen wird dieser Betrag entsprechend der Höhe des als Verdunstungswiderstand anzusehenden Matrixpotentials reduziert. Abb. 1 veranschaulicht die Reduktion der aktuellen Evapotranspirationsrate, wie sie in Abhängigkeit vom Matrixpotential bei einer angenommenen potentiellen Evapotranspirationsrate von 5 mm durch die Gleichung 9 berechnet wird.

Die vertikale Ausdehnung der einzelnen modellhaft zu berechnenden Bodenkompartimente wird durch die angestrebte Aussagegenauigkeit sowie durch Stabilitätskriterien bestimmt. Sie kann je nach physikalischen Bodenkennwerten und Fragestellung variiert werden. Sowohl hinsichtlich der Wasserdynamik als auch des Stofftransports ist die Variabilität bezüglich der Höhe der Flußraten in den oberen Kompartimenten sehr viel ausgeprägter als in größerer Tiefe. Aus diesem Grunde wird bei routinemäßigem Einsatz des Rechenmodells die vertikale Abstandsbestimmung einzelner Kompartimente höhenabhängig vorgenommen, wobei in den obersten 2 Schichten mit einem Abstand von 5 cm gerechnet wird, in den anschließenden 9 Schichten mit einer Schichtdicke von 10 cm. Der vertikale Abstand der untersten 4 Kompartimente hängt vom Grundwasserstand ab.

Gerade bei niedrigen k_f- bzw. k_u-Werten hängt die Aussagegenauigkeit hinsichtlich der Errechnung von nicht infiltriertem Oberflächenwasser signifikant vom Differenzierungsgrad einzelner Schichtdicken ab, so daß hier geringere Schichtabstände zu exakteren Ergebnissen führen würden. Der damit erforderliche erheblich größere Rechenaufwand aufgrund höherer Schrittzahlen läßt sich mit der so erreichten Anhebung der Aussageschärfe wohl für Einzelläufe, nicht aber für den Routinebetrieb rechtfertigen.

Die Anzahl der Rechenschritte, die für jeden zu simulierenden Tag durchzuführen sind, wird in Abhängigkeit von der in Relation zum Wassergehalt einzelner Kompartimente größten Flußrate bestimmt, wobei in einem Zeitschritt die Flußrate nicht mehr als 5 Prozent des aktuellen Wassergehalts betragen darf. So wird ein zu simulierender Tag beispielsweise bei einer maximalen Sickerrate vom 100 mm im obersten Kompartiment (Starkregenereignis) bei einer Schichtdicke von 10 cm und einem Anfangsbodenwassergehalt von 10 Volumenprozenten in 100 Rechenschritte aufgeteilt.

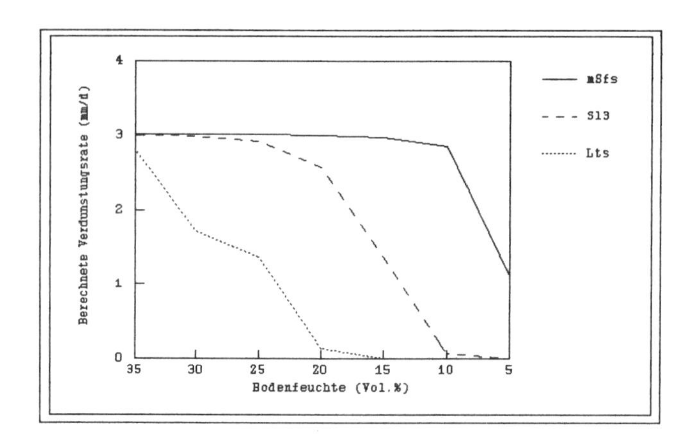

Abb. 1: Berechnung der aktuellen Verdunstung nach BRAUN (1975) in Abhängigkeit vom Bodenwassergehalt unterschiedlicher Böden

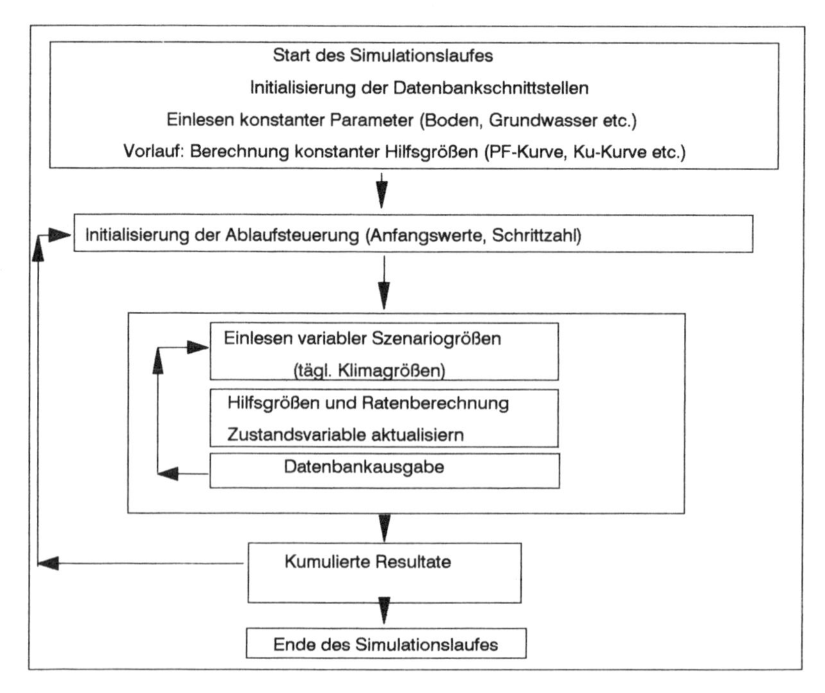

Abb. 2: Schematische Darstellung der Ablaufsteuerung einzelner Submodelle zur Berechnung des Wasserhaushalts

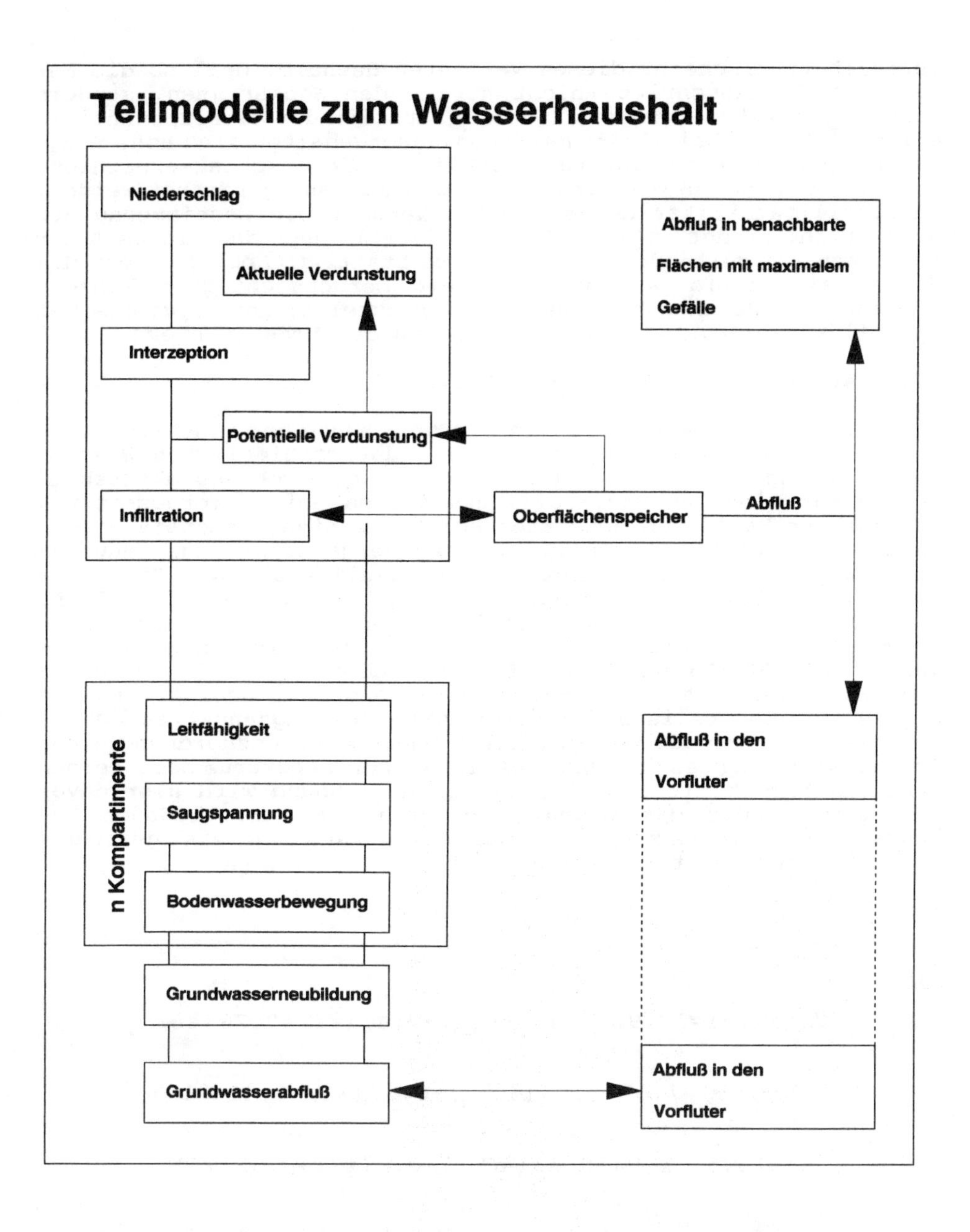

Abb. 3: Berücksichtigte Einzelprozesse bei der Simulation des Wasserhaushalts

Vorteilhaft erscheint dieses Verfahren deshalb, weil so die Anzahl der Rechenschritte nicht nur an den Sickerraten, sondern auch an den Bodenwassergehalten als Funktion des Matrixpotentials orientiert ist. Bei niedrigen Bodenwassergehalten sind hohe Saugspannungsgradienten während einsetzender Niederschlagsereignisse zu erwarten; es muß mit einer hohen Schrittzahl gerechnet werden, um Stabilitätskriterien gerecht zu werden. Die Bestimmnung der Schrittzahl findet in einem Vorlauf jeweils nach dem Einlesen der für einen Tag geltenden Szenariowerte statt. In Abb. 3 werden die durch Teilmodelle des Modellsystems berücksichtigten Einzelprozesse des Bodenwasserhaushalts dargestellt; Abb. 2 gibt einen Überblick über die Ablaufstausteuerung des Modellsystems.

2.1.1 Ableitung von k_u- und pF-Kurven

Das oben beschriebene Verfahren zur Berechnung der Bodenwasserdynamik setzt die Kenntnis von jeweils unterschiedlichen Wassergehalten zugeordneten Saugspannungs- und Durchlässigkeitsbeiwerten für einzelne Bodenhorizonte voraus. Diese Voraussetzung ist auf der Basis von Meßwerten nur für wenige, intensiv untersuchte Bodenprofile erfüllt. Die Wassergehalts-Saugspannungszuordnung erfolgt über lineare Interpolation auf der Grundlage von 5 Stützstellen (Wassergehalt bei pF 0, pF 1.8, pF 2.5, pF 3.5, pF 4.2). Sind diese Angaben für die einzelnen Bodenschichten nicht bekannt (Eingabe=0), so werden sie über einen Regressionsansatz (REICHE 1985; MÜLLER 1987; FRÄNZLE et al. 1987) in Abhängigkeit vom Gehalt an organischem Kohlenstoff, Schluff und Ton abgeleitet. Theoretische Grundlage des Ableitungsansatzes ist die Annahme, daß sich die Wassergehalts-Saugspannungszuordnung eines Bodenkompartimentes in Abhängigkeit vom Porenspektrum beschreiben läßt (HARTGE et al. 1985). Zu ihrer Berechnung wird hier davon ausgegangen, daß das Bodenwasser sich aus verschiedenen Bodenwasserfraktionen zusammensetzt, die annäherungsweise durch das Porenspektrum quantifizierbar sind.

(11)

$$\theta(pF1.8)=15.98+1.49(\%C_{org})+0.47(\%T)+0.26(\%U)$$

$$\theta(pF2.5)=7.57+1.43(\%C_{org})+0.37(\%T)+0.42(\%U)$$

$$\theta(pF3.5)=2.04+0.84(\%C_{org})+0.6(\%T)+0.32(\%U)$$

$$\theta(pF4.2)=2.1+0.001(\%C_{org})+0.5(\%T)+0.26(\%U)$$

Bei dieser Vorgehensweise wird die Unterscheidung zwischen mobiler und immobiler Bodenwasserfraktion im Gegensatz zu anderen

Ansätzen (DUYNISVELD 1984) in Abhängigkeit vom Matrixpotential variabel gehalten, was theoretischen Überlegungen zufolge den tatsächlichen Verhältnissen näher kommt.

Die Wasserleitfähigkeitsfunktion wird in Abhängigkeit von der gesättigten Wasserleitfähigkeit (k_f) nach Gleichung 12 berechnet. Grundlage für die dieser Gleichung sind eine große Anzahl von Tensiometer- und Wassergehaltsmessungen (s. FRÄNZLE et al. 1987). Modelltestläufe zeigten, daß die Berechnung der k_u-Werte (ungesättigte Wasserleitfähigkeit) bei mittlerem Matrixpotential nicht für alle Testböden zufriedenstellende Ergebnisse erbrachte. Aus diesem Grunde wird das aus früheren Versionen des Modells "WASMOD" (FRÄNZLE et al. 1987, MÜLLER 1987, MÜLLER & REICHE 1989) vorliegende Gleichungssystem entsprechend modifiziert. Im Vergleich zu früheren Berechnungen wird jetzt der Abfall der Leitfähigkeit im unteren Saugspannungsbereich mit steigender Saugspannung geringer, im oberen Saugspannungsbereich höher berechnet. Im Rahmen des Forschungsvorhabens "ÖKOSYSTEMFORSCHUNG IM BEREICH DER BORNHÖVEDER SEENKETTE" werden andere Anpassungsverfahren (VAN GENUCHTEN 1980) überprüft, so daß in Zukunft je nach Kenntnis der bodenphysikalischen Parameter unterschiedlich differenzierte Kurven-Anpassungsverfahren zur Auswahl bereit gestellt werden können.

(12)

$$K_u = C * 10^{a-b*(\log(\psi))^2}$$

mit

$$a = \log\left[\frac{K_f}{36}\right]$$

für 0<pF<.18

$$C = 10^{\left(\frac{69.3+\psi}{34.6}\right)*\log\left(\frac{75.6+\psi}{12.6}\right)}$$

für pF>1.8

$$C = 1$$

2.1.2 Notwendige Eingangsgrößen zur modellhaften Berechnung des Bodenwasserhaushalts

Bei der vorliegenden Modellversion wird routinemäßig mit 16 vertikal angeordneten Bodenkompartimenten gerechnet, wobei den oberen 15 Kompartimenten feste Höhen zuzuordnen sind. Das 16. Kompartiment hat entsprechend der Grundwassertiefe eine variable Höhe. Für die einzelnen Kompartimente sind Wassergehaltsangaben den pF-Stützstellen 0, 1.8, 2.5, 3.5, 4.2 zuzuordnen. Sind diese nicht bekannt, so werden sie aus den anzugebenden Gehalten an C.org, Schluff (mU, fU) und Ton abgeleitet. Weiterhin ist die Nennung des k_f-Wertes, und der Anfangsbodenfeuchte für die einzelnen Kompartimente, sowie des horizontalen und vertikalen Abstandes zum dem Grundwasserabfluß zugeordneten Vorfluter erforderlich. Die für die Berechnung der Evapotranspiration und Interzeption notwendigen Pflanzenfaktoren (Durchwurzelungstiefe, Haude-Faktor und Blattflächenindex) liegen als Tabellenfunktionen für die wichtigsten Kulturarten vor (siehe Kapitel 4).

Zur Beschreibung des Klima-Szenarios sind die Niederschlagsmenge die Lufttemperatur (Temp.-Minimum, Temp.-14 Uhr) und die relative Luftfeuchte in Form von Tageswerten anzugeben.

2.2 Modellhafte Beschreibung des Verhaltens von Stoffen im Boden

Häufig werden zur modellhaften Beschreibung der Bewegung von im Bodenwasser gelösten Stoffen 3 Prozesse berücksichtigt: die Konvektion, die molekulare Diffusion und die hydrodynamische Dispersion. Diese Mechanismen lassen sich durch die folgende partielle Differentialgleichung beschreiben:

(13)

$$\frac{\delta \theta c}{\delta t} = \frac{\delta}{\delta z} (\theta D \frac{\delta c}{\delta z}) - \frac{\delta q c}{\delta z}$$

Während die molekulare Diffusion durch die thermische Bewegung der Moleküle verursacht wird und auch ohne Wasserbewegung stattfindet, tritt die hydrodynamische Dispersion nur bei Wasserbewegung auf. Sie wird verursacht durch ungleichmäßige Fließgeschwindigkeiten bei der Bewegung einer Flüssigkeit durch poröse Medien, wobei unterschiedliche Porendurchmesser verschiedene Fließgeschwindigkeiten verursachen.

Mehrere Autoren (DUYNISVELD 1984,GREEN et al. 1971, VAN GENUCHTEN & WIERENGA 1976, WEEKS et al. 1976) zeigen, daß bei alleiniger Berücksichtigung der drei genannten Transportmechanismen Ergebnisse von Modellrechnungen nur wenig befriedigend mit Meßergebnissen übereinstimmen. Erst unter Einbeziehung unterschiedlicher Wasserfraktionen werden gute Übereinstimmungen erzielt. Dabei wird vereinfachend von einer mobilen und einer immobilen Wasserfraktion ausgegegangen. DUYNISVELD (1984) ermittelt für eine Löß-Parabraunerde einen Anteil an immobilem Wasser von 18 % des Gesamtwassergehaltes. Dabei geht er davon aus, daß im Falle des Chlorid-Ions zwischen mobilem Wasser und immobilem Wasser kein Stofftransport stattfindet.

In dem dieser Arbeit zugrundeliegendem Stofftransportmodell STOMOD wird die Differenzierung zwischen mobiler- und immobiler Wasserfraktion als wesentlich prozeßbestimmende Erklärungsvariable angesehen. Es wird davon ausgegangen, daß sich in Abhängigkeit von stofflichen, bodenphysikalischen und -physikochemischen Eigenschaften zwischen mobilem und immobilem Wasser unterschiedlich gewichtete Konzentrationsgleichgewichte einstellen können. Die Gleichgewichtseinstellung wird als Diffusionsvorgang angesehen, der sich prinzipiell in Abhängigkeit vom Wassergehalt der beiden Wasserfraktionen durch das FICKsche Gesetz beschreiben läßt. Modellrechnungen mit unterschiedlichen Diffusionskoeffizienten und Porendurchmessern haben ergeben, daß der Konzenztrationsausgleich bei annähernd gesättigten Verhältnissen so schnell abläuft, daß bei Schrittzahlen bis zu 100 pro Tag (Schrittweite= 14,4 Minuten) mit einem vollständigem Ausgleich gerechnet werden kann. Bei ungesättigten Verhältnissen kann es eine Verzögerung dieses Ausgleiches geben, der häufig verstärkt in der Transportrichtung KONZENTRATION MOBILES WASSER --> KONZENTRATION IMMOBILES WASSER auftritt, da die Grobporen nur teilweise mit Wasser gefüllt sind und sich so die Oberfläche der Grenzschicht zwischen mobilem und immobilem Wasser verringert. Demzufolge entsteht ein Hysteresis-Effekt, wenn die Stoffkonzentration im immobilen Wasser höher liegt, als im mobilen Wasser. Aufgrund dieser Überlegungen wurden zur Berechnung des Stoffaustausches zwischen mobilem und immobilem Wasser, und umgekehrt, 2 Faktoren eingeführt; der erste Faktor dient der Beschreibung der Gewichtung des Konzentrationsgleichgewichtes, während der zweite die Steuerung der Austauschgeschwindigkeit als Funktion vom Porenvolumen und Wassergehalt formuliert. Es zeigte sich, daß bei Anwendung dieses Verfahrens der durch Dispersionsvorgänge auftretende Glättungseffekt des Konzentrationsprofiles durch den beschriebenen Hysteresis-Effekt verstärkt wird. Aus diesen komplexen Zusammenhängen ergibt sich die Notwendigkeit, daß in Zukunft die Kenntnisse über die Dispersion sowie über die Austauschmechanismen zwischen mobilem und immobilem Wasser unbedingt erweitert werden müssen, um diese Prozesse präziser in Simulationsmodelle zu integrieren.

2.2.1 Mathematische Formulierung des Stoffmodells

In Anlehnung an die Gleichung 11 wird das Bodenwasser in mobile und immobile an Ton, Schluff und Humus gebundene Wasserfraktionen differenziert. Für jedes Kompartiment wird der Stoffaustausch zwischen den einzelnen Wasserfraktionen gemäß Gleichung 14 berechnet.

(14)

$$\frac{\Delta S_{im}}{\Delta t} = -\frac{S_{im}W_{mob} - S_{mob}W_{im}}{W_{mob} + W_{im}}$$

Der Konvektionsterm der Transportgleichung geht in das Modell in Anlehnung an DUYNISVELD (1984) durch Gleichung 15 ein.

(15)

$$q^{j}_{i+1/2}(c^{j}_{i+1}+c^{j}_{i+1}) - q^{j}_{i-1/2}(c^{j}_{i-1}+c_{j\,i})$$

Zur Einbeziehung der hydrodynamischen Dispersion wurde die folgende Gleichung in die Modellrechnungen integriert.

$$\frac{\theta^{j+1}{}_{i}c^{j+1}{}_{i} - \theta^{j}{}_{i}c^{j}{}_{i}}{\Delta t} = \frac{\Theta^{j}{}_{i-1/2}D^{j}{}_{i-1/2}(C^{j}{}_{i-1} - C^{j}{}_{i}) - \theta^{j}{}_{i+1/2}D^{j}{}_{i+1/2}(C^{j}{}_{i} - C^{j}{}_{i+1})}{(\Delta z)^{2}}$$

Die Berechnung des scheinbaren Dispersionskoeffizienten D erfolgt dabei in Anlehnung an DUYNISVELD (1984)) in Abhängigkeit vom Diffusionskoeffizienten eines gelösten Stoffes im freien Wasser D(o), einem Impedanzfaktor zur Anpassung von D(0) an die Verhältnisse poröser Medien, der Dispersivität (bei Nitrat ≈ 1 cm) und dem Wassergehalt.

Zur Beschreibung der De- und Adsorption an die Bodenmatrix wird ähnlich wie beim Stofftransfer vom mobilen Wasser zum immobilen Wasser eine Gleichgewichtsfunktion verwendet, wobei hier das Konzentrationsgleichgewicht durch die nach FREUNDLICH berechneten Ad- und Desorptionsfaktoren gesteuert wird (s. FRÄNZLE et al. 1987; MÜLLER 1987; MÜLLER & REICHE 1989).

2.2.2 Anbindung eines Bodentemperaturmodells und eines Modells zur Beschreibung des Stickstoffhaushalts

Wie oben ausgeführt wurde, ist die möglichst genaue Abschätzung des Verbleibs von in landwirtschaftliche Flächen eingetragenen Stickstoffverbindungen von erheblichem ökologischen, aber auch ökonomischem Interesse. Bei der Modellierung des Stickstoffhaushalts von Agrarökosystemen sind neben der genauen Beschreibung des Wasserhaushalts und des vertikalen Stofftransportes eine ganze Reihe weiterer in der Hauptsache biologischer und biochemischer Prozesse zu berücksichtigen. Weil diese Prozesse einer ausgeprägten Temperaturabhängigkeit unterliegen, ist das Vorhandensein eines Temperaturmodells eine weitere Voraussetzung für die Modellierung des Stickstoffhaushalts. Die meisten der im folgenden dargestellten, mit dem Stickstoffhaushalt im Zusammenhang stehenden Teilmodelle wurden von HOFFMANN (1989) überprüft und zu einem Bodenstickstoffmodell zusammengefaßt.

2.2.2.1 Bodentemperaturmodell

Der Wärmetransport im Boden läßt sich in Abhängigkeit von der Wärmeleitfähigkeit und unter Einbeziehung der Wärmekapazität (C) für unterschiedliche Bodenkompartimente durch die Wärmeleitgleichung beschreiben. Dabei wird der durch die Wasserbewegung (q) verursachte konvektive Wärmetransport berücksichtigt.

(16)

$$\frac{\delta T}{\delta t} = \frac{\delta}{\delta z}\left(\lambda \frac{\delta T}{\delta z}\right) + c_w q \frac{\delta T}{\delta z} + S$$

Beide Faktoren hängen im starken Maße vom Wassergehalt, sowie mineralischen und nicht mineralischen Anteilen der Bodenmatrix ab. Als untere Randbedingung kann eine konstante bzw. in Abhängigkeit von der Jahresmitteltemperatur und dem Jahrestag in vorgegebenen Grenzen schwankende Temperatur angenommen werden. Es wird vereinfachend angenommen, daß die Tages-Maxima und -Minima der Bodenoberflächentemperatur mit jenen der bodennahen Luftschicht gleichgesetzt werden können. Der Tagesgang wird in Anlehnung an das von PATRON & LOGON (1980) beschriebene Modell berechnet. Gleichung 17 wird für die Berechnung des Temperaturganges während der Nacht, Gleichung 18 für jenen während des Tages eingesetzt.

(17)

$$T_i = T_N + (T_S - T_N)\, \exp - (bn/2)$$

(18)

$$T_i = (T_x - T_N)\, \sin\left(\frac{\pi m}{y+2a}\right) + T_N$$

Die Tages- und Nachtlängen werden als Funktionen des Jahrestages und des Breitengrades berechnet. Die Minimumtemperatur wird in Abhängigkeit vom Jahrestag den frühen Morgenstunden zugeordnet. Der Temperaturgang während des Tages wird durch eine verkürzte Sinusfunktion beschrieben, während die nächtliche Temperatur anhand einer Exponentialfunktion einzelnen Zeitpunkten zugeordnet wird.

Für die Berechnungen des Stickstoffumsatzes wird nur eine Tagesmitteltemperatur für jedes Bodenkompartiment benötigt. Das Bodentemperaturmodell wird in der vorliegenden Modellversion unabhängig von der Schrittzahl des Bodenwassermodells pro zu simulierenden Tag 6 mal aufgerufen (Zeitschritt = 4 Stunden). Als Eingangsparameter werden neben den durch das Bodenwassermodell für einzelne Kompartimente berechneten Bodenwassergehalten und Sickerraten die Tages-Minimum- und -Maximum-Temperatur benötigt. Die matrixabhängigen Teilkoeffizienten zur Bestimmung von Wärmeleitfähigkeit und -kapazität werden von den vorgegebenn Anteilen an Humus, Ton und Schluff sowie aus dem Trockenraumgewicht des Bodens in Anlehnung an PENNING DE FRIES & VAN LAAR (1982) abgeleitet.

2.2.2.2 Modell zur Beschreibung des Stickstoffhaushalts in Böden

Verschiedene Teilmodelle des von HOFFMANN (1989) zusammengestellten Bodenstickstoffmodells wurden an das Modellsystem WASMOD&STOMOD angebunden. Damit werden zur Beschreibung der Stickstoffdynamik in Böden wesentliche Prozesse (Abb. 4) erfaßt. Da HOFFMANN (1989) die unterschiedlichen Ansätze zur Modellierung der Teilprozesse des Stickstoffhaushalts ausführlich diskutiert, sollen an dieser Stelle die verwendeten Gleichungen nur mit einer kurzen Erläuterung aufgelistet werden.
Die Mineralisierung des in organischer Bindungsform vorliegenden Stickstoffs wird nach Gleichung 19 berechnet.

Die in Tagesschritten berechnete Mineralisierungsrate (Min) wird als Funktion des potentiell mineralisierbaren Stickstoffanteils (NPOT), der Bodentemperatur (BT) und des Bodenwassergehalts (W) sowie des Porenvolumens (PV) bestimmt. Der Ansatz geht auf STANFORD & SMITH (1972) zurück und wurde bezüglich der Temperatur- und Bodenwassergehaltsabhängigkeit von HOFFMANN (1989) verändert. Die Mineralisierung des organisch gebundenen Stickstoffs aus Wirtschaftsdünger und Ernterückständen wird auf die gleiche Weise unter anderer Gewichtung des potentiell mineralisierbaren Anteils berechnet.

(19)

$$Min_{i,t}=0.0058NPOT_{i,t}2^{0.1(Bt_{i,t}-35)^{W_{i,t}}}4\frac{PV_i-W_{i,t}}{PV^2}$$

Bei der Berechnung der Nitrifikation (verändert nach JONES et al. 1986) geht als Reduktionsfaktor K jeweils das Minimum der nach HAGIN et al. (1974) berechneten Temperatur-, Wassergehalts- und pH-Funktion ein.

(20)

$$Nitr_{i,t}=K_{nitr}\frac{NH4_{i,t}40}{NH4+90}NH4_{i,t}$$

Bei dem in Anlehnung an ROLSTON (1982) eingesetzten Verfahren zur Abschätzung der Denitrifikationsrate wird der Stickstoffverlust (DNR) in Abhängigkeit vom organischen Kohlenstoffgehalt, der Bodendichte, und Bodentemperatur sowie mit Hilfe einer von JONES (1986) übernommenen Wassergehaltsfunktion berechnet.

(21)

$$DNR_{i,t}=0.0006NO3_{i,t}(\frac{C_{org_{i,t}}}{2}0.0031+24.5)1-\frac{PV_i-W_{i,t}}{PV_i-FK_i}0.1\exp(0.046T_{i,t})$$

Zusätzlich werden die Stickstoffeinträge in Form von atmosphärischer Deposition berücksichtigt. Die Nitrataufnahme durch die Pflanzenwurzeln wird als konvektiver Prozeß in Abhängigkeit von der Wasseraufnahme durch die Pflanzenwurzeln bei vorher festgelegtem Maximum berechnet. Diese maximale Stickstoffaufnahme entspricht Richtwerten, die bei einem Höchstertrag der jeweiligen Kulturart anzusetzen sind (LANDWIRTSCHAFTSKAMMER SCHLESWIG-HOLSTEIN, 1990). Die Differenz zwischen Ernteentzug und berechneter Pflanzenaufnahme wird ähnlich wie der Stickstoffanteil organischen Düngers als mineralisierbarer Vorrat angesehen. Die Ammoniumaufnahme wird stark vereinfachend proportional zur Nitrataufnahme in Abhängigkeit vom Ammoniumgehalt der einzelnen Kompartimente berechnet. Für die Zukunft ist hier eine genauere Prozeßbeschreibung vorgesehen. Neben der Aufnahme des Ammonium--Ions durch die Pflanzenwurzel müssen auch die De- und Adsorptionsdynamik sowie der vertikale Transport berücksichtigt werden.

Wegen der besonderen Problematik, die im Zusammenhang mit organischer Düngung und insbesondere mit Gülledüngung vorliegt, werden in Anlehnung an HOFFMANN (1989) weitere, speziell hierauf bezogene Teilprozesse, berücksichtigt.

Die Gleichung 22 beschreibt die Ammoniakverdunstung unter Einbeziehung des Blattflächenindex (LAI) und der potentiellen Evapotranspiration. Es wird dabei zwischen Rinder-, Schweine- und Mischgülle unterschieden.

(22)

$$SG_{VOL}=0.1EO*GNH4\exp(-0.4LAI)$$

$$RG_{VOL}=(0.33+0.077EO)*GNH4*\exp(-0.4LAI)$$

$$MG_{VOL}=(0.165+0.0885*EO)*GNH4*\exp(-0.4LAI)$$

Die Berechnung der Mineralisation (RGON) des auf der Bodenoberfläche befindlichen organisch gebundenen Gülle-Stickstoffs erfolgt nach Gleichung 23 in Abhängigkeit vom organischen Stickstoffgehalt (GON), der Temperaturfunktion TF und der Wassergehaltsfunktion MF in Anlehnung an JONES (1986). Es wird vereinfachend davon ausgegangen, daß 20% des Gülle-Stickstoffs in Humus-Stickstoff übergehen; 50 % des berechneten, an der Bodenoberfläche mineralisierten Stickstoffanteils werden dem obersten Bodenkompartiment (0-5 cm) zugeordnet, während für die verbleibenden 50 % angenommen wird, daß sie in Abhängigkeit vom Niederschlag oder durch Einarbeitung in den Bodenkörper gelangen oder aufgrund höherer Temperaturen in die Atmosphäre entweichen.

(23)

$$RGON=0.005*(1.1-\exp(0.4*LAI)*GON*TF*MF$$

$$GNH_4=GNH_4+0.4RGON$$

$$SNH_{4_1}=SNH_{4_1}+0.4RGON$$

$$NHUM_1=NHUM_1+0.2RGON$$

Die Infiltrationsrate des organischen Gülle-N-Anteils wird nach Gleichung 24 in Abhängigkeit von der Bodendichte berechnet, wobei unterschiedliche Feststoffanteile von Rinder-, Schweine- und Mischgülle berücksichtigt werden.

(24)

$$SG_{NH4}=0.6GNH4\sqrt{1.45/BD_1}$$

$$RG_{FNH4}=0.25GNH4\sqrt{1.45/BD_1}$$

$$MG_{FGON}=0.42GON\sqrt{1.45/BD_1}$$

Bei der Modellierung des Bodenstickstoffhaushalts werden folgende organische bzw. mineralische N-Eintragsformen berücksichtigt: Ammonium-Dünger, Nitratdünger, Kalkammonsalpeter (50 % NO_3, 50 % NH_4), Rindergülle, Schweinegülle, Mischgülle, atmosphärische Deposition (60 % NH_4, 40 % NO_3).

Der Übergang der in mineralischer Form ausgebrachten Stickstoffvarianten von der Bodenoberfläche in das oberste Kompartiment wird bei einem Mindestniederschlag von 1 mm angenommen.

Neben dem Ausbringungstermin ist die Anzahl der Tage bis zur Einarbeitung anzugeben. Für den Zeitpunkt der Ernte ist die Höhe des Stickstoffentzuges zu nennen. Die Differenz zwischen dem vorgegebenen Ernteentzug und dem berechneten Pflanzenentzug, die bei angepaßter Düngung ca 10-20% beträgt, wird entsprechend der Pflugtiefe auf die oberen Bodenkompartimente verteilt. Es wird also eine sofortige Bodenbearbeitung nach der Ernte vorausgesetzt.

2.2.3 Notwendige Eingangsgrößen zur modellhaften Berechnung des Stickstoffhaushalts

Neben den pH-Werten, die als konstant für den Zeitraum eines Modelllaufes angesehen werden, müssen für jedes der festgelegten Bodenkompartimente Anfangswerte für den potentiell mineralisierbaren organischen Stickstoffgehalt (ca. 10-50 % des Gesamt-Stickstoffgehaltes, je nach C/N-Verhältnis), den frischen aus organischem Dünger oder Ernteresten stammenden Stickstoffgehalt sowie die Ammonium- und Nitratgehalte bekannt sein oder abgeschätzt werden. Hierfür ist die Erstellung einer separaten Datei erforderlich. Darüber hinaus sind in der jeweiligen Datei zur Kennzeichnung des phänologischen Verlaufs einzelner Pflanzenbestände die durch organische oder mineralische Düngung eingebrachten Stickstoffmengen unter Nennung der Darreichungsform mittels einer Code-Nummer anzugeben. In dieser Datei werden darüberhinaus die entsprechenden Zeitpunkten zugeordneten Bearbeitungsmaßnahmen und die durch die Ernte dem System entzogene Stickstoffmenge festgelegt. Die als atmosphärische Deposition eingetragenen Sickstoffmengen werden aus der Klimadatei eingelesen.

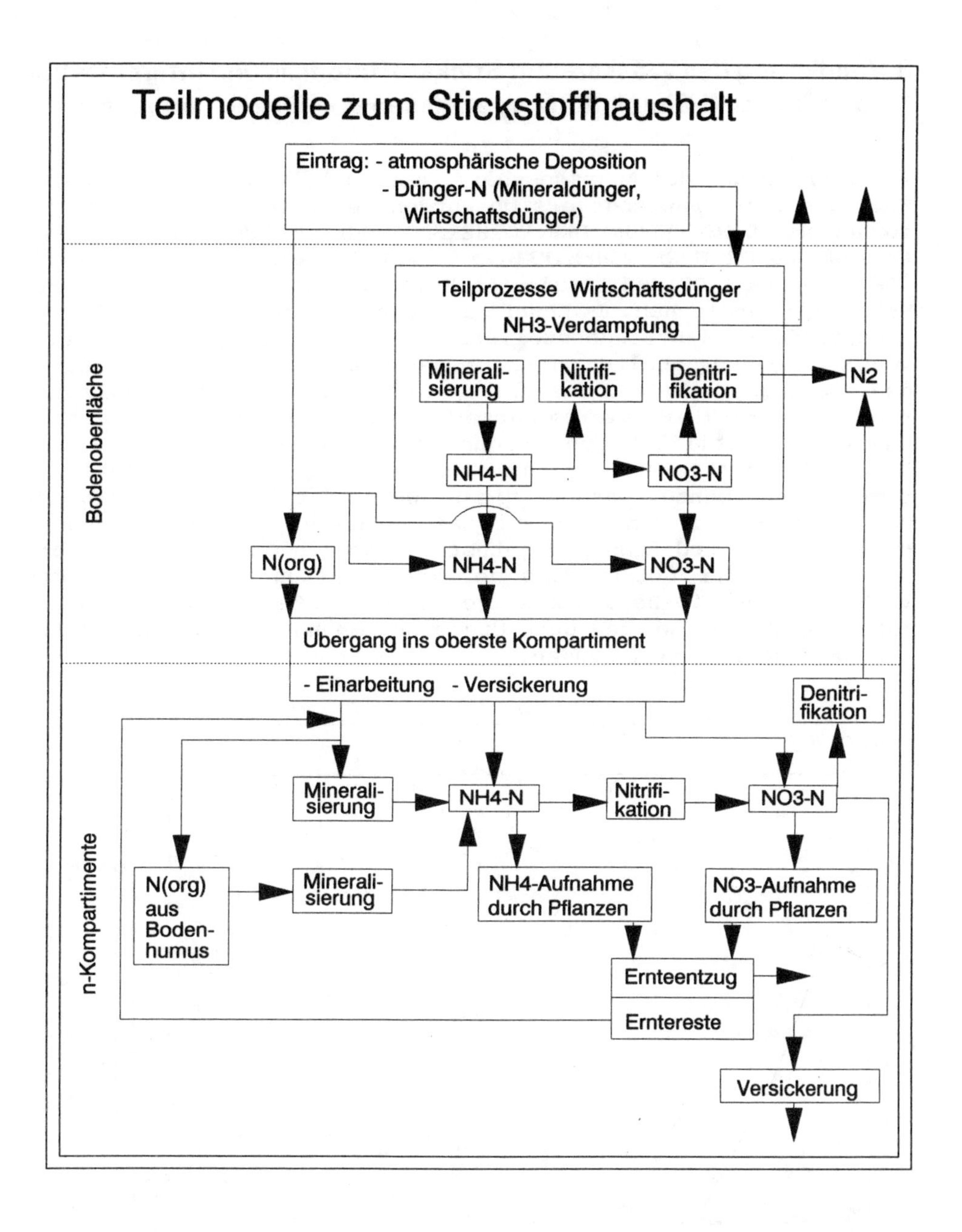

Abb.4: Teilmodelle zur Berechnung des Bodenstickstoffhaushalts

3 Validierung des Wasser- und Stickstoffmodells und Interpretation von Meß- und Simulationsergebnissen von Einzelstandorten

Zur Überprüfung der Aussageschärfe des Modellsystems WASMOD&STOMOD in seiner Ursprungsversion wurden im Rahmen des Forschungsvorhabens "DARSTELLUNG DER VORHERSAGEMÖGLICHKEITEN DER BODENBELASTUNG DURCH UMWELTCHEMIKALIEN" (FRÄNZLE et al. 1987, MÜLLER 1987, MÜLLER & REICHE 1989) eine Reihe von Modellergebnissen mit Meßreihen verglichen. Es konnte aufgezeigt werden, daß das Bodenwassermodell in zufriedenstellender Weise die gemessenen Verläufe von Bodenwassergehalten, Tensiometerwerten und Grundwasserständen wiedergibt. Allerdings umfaßten die durchgeführten Validierungsläufe vergleichsweise kurze Zeiträume, da die jahreszeitabhängige Variabilität von Verdunstungs-, Durchwurzelungs,- und Blattflächenfaktoren nicht in einer adäquaten Weise berücksichtigt werden konnte. Darüber hinaus wurde die Einsetzbarkeit des Modellsystems in Hinblick auf das Verhalten der Stoffe 2,4-D, MCPA, Cadmium und Phosphat getestet, und ein Chlorid-Sickerversuch diente zur Überprüfung der modellhaften Beschreibung des Verhaltens von im Bodenwasser gelösten Stoffen (MÜLLER & REICHE 1989). Auch hier wurden gute Übereinstimmungen zwischen Modell- und Meßergebnissen gefunden.

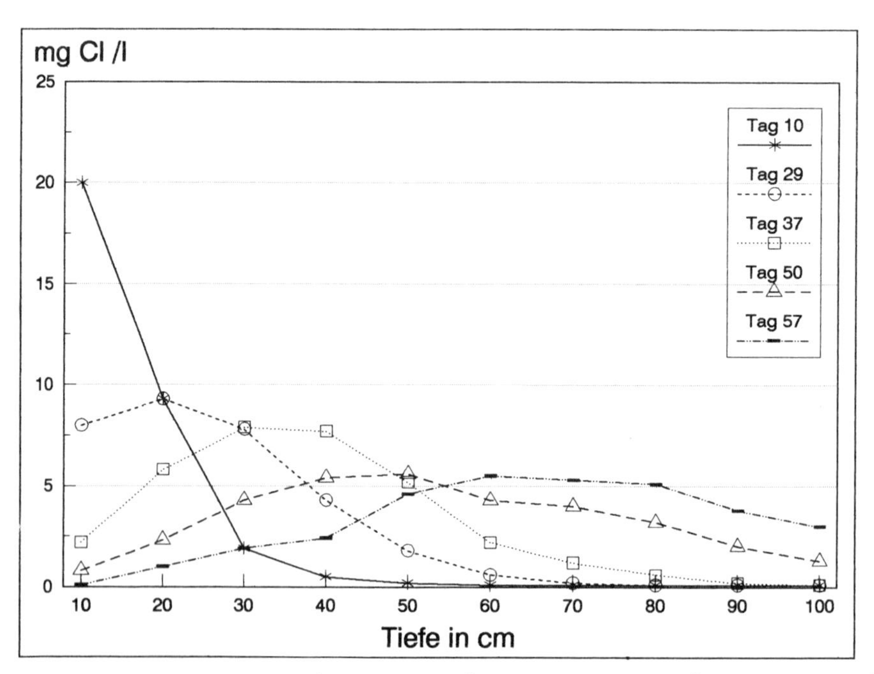

Abb.5a: Berechnete Tiefenverteilung der Chloridkonzentration der Bodenlösung (Quelle: MÜLLER & REICHE 1989)

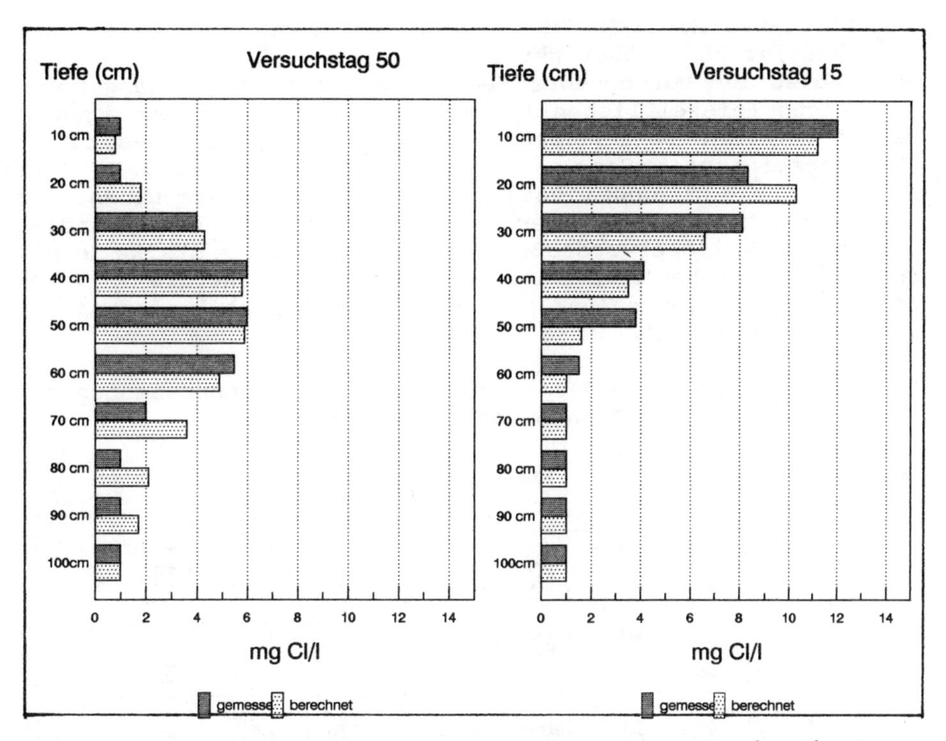

Abb. 5b: Gegenüberstellungen von gemessenen und simulierten Chloridkonzentrationen in der Bodenlösung

Um die Aussagegenauigkeit der Modellberechnungen des um die oben beschriebenen Teilmodelle erweiterten Modellsystems zu überprüfen, wurden 28 Flächen unterschiedlicher landwirtschaftlicher Nutzung und Bodenausstattung in monatlichen Abständen beprobt. Für die Auswahl der Flächen wurden die sogenannten Schwerpunkträume des Forschungsvorhabens "UMWELTBEOBACHTUNG SCHLESWIG-HOLSTEIN" Bornhöveder Seenkette, Brunsbüttel und Eckernförder Bucht vorgegeben (FRÄNZLE et al. 1988). Im folgenden werden Untersuchungsergebnisse mit Simulationsergebnissen verglichen. Dazu wurden eine Auswahl der im Forschungsraum "Bornhöveder Seenkette" gelegenen Testflächen herangezogen

3.1 Standortauswahl und Standortbeschreibung

Genauere naturräumliche Beschreibungen zum Gebiet "Bornhöveder Seenkette" wurden an anderer Stelle gegeben (VENEBRÜGGE 1988,

GARNIEL 1988, HIEBNER 1985). Hier sollen nur die wesentlichen Charakteristika erwähnt werden.
Das Gebiet der Bornhöveder Seenkette liegt im Übergangsbereich von weichseleiszeitlichen Jungmoränen und den dazugehörigen Sanderschüttungen. Der Hauptteil des Betrachtungsraumes ist dem "Ostholsteinischen Seen- und Hügelland" zuzuordnen. Es lassen sich hier nach HIEBNER (1985) und BARSCH (1978) vier Landschaftskomplexe unterscheiden. Der nördliche Teil ist durch Randlagen des dritten Weichselvorstoßes gekennzeichnet. Die starke Zergliederung der Moränenlandschaft bei hoher Reliefenergie im Wechsel mit vermoorten Senken und Seen sind wesentliche landschaftsprägende Charakteristika.

Tab. 1: Nutzung und Bodeneigenschaften der Probennahmepunkte im Bereich der Bornhöveder Seenkette

Standort-Nr	Ort	Nutzung 1988	Nutzung 1989	Bodentyp	Oberboden Art	Oberboden Ton-gehalt	Oberboden C(org)-gehalt	Unterboden Art	Unterboden Ton-gehalt	Unterboden C(org)-gehalt
7	Sanden	Mais	Mais	Braunerde	Sl2	6.0%	1.37%	mSfs	3.5%	0.4%
8	"	Mais	Mais	Braunerde	Sl2	5.1%	1.53%	mSfs	5.2%	0.32%
9	"	Hafer	Weizen	Braunerde	Sl2	5.9%	1.58%	mSfs	3.9%	0.36%
65	"	Grünl.	Mais	Braunerde	Sl2	5.5%	1.45%	mSfs	3.7%	0.41%
12	Tarbek	Grünl.	Weizen	Braunerde	Su	4.25%	3.33%	Sl2	6.06%	2.03%
13	"	Mais	W.Gerste	Braunerde	Sl2		3.01%	mSfs		0.68%
14	"	Roggen	Mais	Braunerde	Sl2	5.28%	3.01%	mSfs		1.14%
15	Schönböken	Raps	Weizen	Gley-Parabr.e.	Ls3	18.4 %	1.82%	Ls3	18.6 %	0.84%
18	"	Grünl.	Grünl.	Gley-Parabr.e.	Sl4	12.0 %	2.72%	Ls3	24.7 %	1.12%
19	"	Mais	Roggen	Braunerde	Ls3	19.6 %	1.98%	Ls3	22.8 %	1.39%
24	Schmalen-seefeld	Raps	Weizen	Braunerde	Sl2	7.17%	3.84%	Sl3	6.93%	1.84%
25		Ackergras	S.Gerste	Braunerde	Su2	5.18%	3.23%	Su2	3.93%	1.47%
26	Belau (am See)	Mais	Mais	Braunerde	Sl2	5.4 %	1.75%	Sl3	8.4 %	0.48%
27		Mais	Mais	Braunerde	Sl2	6.0 %	1.61%	fSms	3.4 %	0.39%
28		Dauergrünland		Braunerde	Su2	4.8 %	2.27%	Su2	4.9 %	0.44%
35	Wankendorf	Weizen	Mais	Parabr.e.-Gley	Sl4	14.2 %	2.27%	Sl4	14.9 %	0.86%
36	"	Mais	Weizen	Parabr.e.-Gley	Sl4	14.4 %	2.49%	Ls3	20.3 %	1.22%
64	"	Dauergrünland		Parabr.e.-Gley	Sl4	14.2 %	2.63%	Ls3	20.0 %	1.13%
40	Perdöler Mühle	Mais	Mais	Parabr.-Br.er.	Sl3	8.8 %	1.65%	Su3	7.7 %	0.49%
42		Weizen	S.Gerste	Parabr.-Br.er.	Sl3	6.5 %	1.96%	Su3	6.6 %	0.62%

Tonreiche Braunerden und Parabraunerden sind hier vergesellschaftet mit Pseudogleyen, Gleyen und Niedermoorböden anzutreffen. Kuppige Moränen prägen das Landschaftsbild des westlichen, im wesentlichen durch den ersten und zweiten Weichselvorstoß überformten Bereiches. Hier sind die fruchtbarsten Böden (lehmige

Braunerden und Parabraunerden) mit Ackerzahlen bis zu 65 Punkten anzutreffen. Der zentrale Bereich "Bornhöveder Seenkette" wird durch 5 Seen und ihre Teileinzugsgebiete (Stolper See, Schierensee, Fuhlensee, Belauer See, Schmalensee und Bornhöveder See) gegliedert. Im kleinräumigen Wechsel sind hier sandige Braunerden auf Schmelzwassersanden bzw. in Grundwassernähe Gleye, Anmoor- und Niedermoorböden mit niedrigen Bodenzahlen aufgrund des hohen Sandanteils bzw. der schlechten Wasserführung anzutreffen. Der östliche flachwellige Moränenbereich (Deckmoräne auf Sandermaterial) wurde bei der Auswahl von Probenahmestandorten nicht berücksichtigt. Im Süden wird das Gebiet durch den Trappenkamper Sander begrenzt. Braunerde-Podsole und sandige, nährstoffarme Braunerden sind hier anzutreffen. Im Bornhöveder Seengebiet werden 82,4 % der Gesamtfläche landwirtschaftlich, 6 % als Siedlungs- und Verkehrsfläche genutzt. Die Waldfläche macht lediglich 5% aus, 3.7 % sind als Wasserfläche ausgewiesen.

Die Auswahl der Testflächen fand unter Zugrundelegung einer im Rahmen des Forschungsvorhabens durchgeführten Nutzungkartierung statt. Ein wichtiges Auswahlkriterium war die Repräsentanz der im Untersuchungsgebiet hauptsächlich vertretenen Bodentypen (Braunerden, Parabraunerden, Gleye und Pseudogleye). Auf eine Einbeziehung von Niedermoorböden wurde verzichtet, da dazu eine Reihe von Voruntersuchungen insbesondere zur Kalibrierung des Stickstoffmodells notwendig gewesen wäre, andererseits aber die in der Literatur angegebenen Nitrat-Auswaschungsraten für Niedermoorböden gering sind. Um bei gleichen Standortbedingungen die nutzungsabhängigen Einflüsse auf die Bodenwasser- und Stickstoffdynamik zu erfassen, wurde angestrebt, jeweils drei benachbarte Flächen gleicher Bodenausstattung in der Kombination Mais, Getreide und Grünland zu selektieren. Nicht zuletzt entschied über die Flächenauswahl die Kooperationsbereitschaft des jeweiligen Landwirts, von dem neben der Erlaubnis zur regelmäßigen Probennahme Angaben zu sämtlichen Bearbeitungsmaßnahmen erwartet wurden, über die Flächenauswahl. Nicht immer konnten alle Auswahlkriterien erfüllt werden. Insbesondere wurde in einigen Fällen nicht die angestrebte Nutzungskombination vorgefunden. In der Abbildung Karte 6 werden die Probenahmestandorte unter Kennzeichnung der jeweiligen Nutzungskombination und Bodenausstattung dargestellt. In Tabelle 1 sind die für die Modellierung wesentlichen Kenngrößen der Einzelstandorte zusammengestellt.

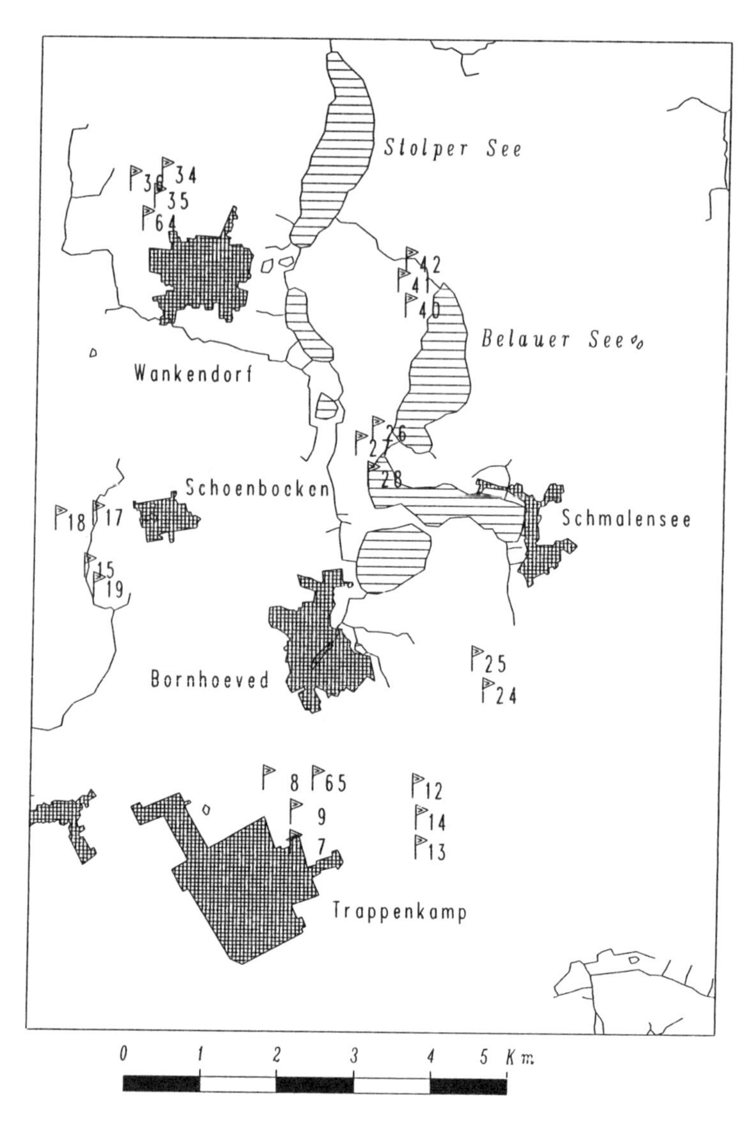

Abb. 6: Lage der Probenahmepunkte im Bereich der Bornhöveder Seenkette

3.2 Untersuchungsmethoden

Die Bodenprobenentnahme erfolgte mittels eines Pürckhauer-Bohrstockes routinemäßig in den Tiefen 10-20 cm und 50-60 cm, nach der Ernte in 5 Tiefen bis zu 100 cm. Es wurden jeweils auf den ausgewählten Teilflächen Mischproben aus 10 Einzelentnahmen hergestellt.

Die gravimetrische Bestimmung des Bodenwassergehaltes erfolgte an allen entnommenen Bodenproben. Die frischen und die bei 105 °C getrockneten Bodenproben wurden auf 1/100 g genau gewogen. Anhand des Trockenraumgewichtes erfolgte die Umrechnung in Volumen- Wasser-Prozentanteile. Bei der gravimetrischen Bodenfeuchte- Bestimmungsmethode kann von einer Genauigkeit von 5-10% ausgegangen werden.

Die Korngrößenbestimmungen erfolgten nach dem Pipettverfahren von KÖHN.

Zur Bestimmung des mineralisch vorliegenden Stickstoffanteils wurde ein Bodenextrakt mit einer 0.1 m Kaliumaluminiumsulfatlösung bei einem Boden-Wasserverhältnis von eins zu drei hergestellt. Nach Zentrifugation wurde der Nitratanteil mittels Natriumsalycilat (Gelbfärbung) photometrisch bei 405 nm bestimmt. Der Ammoniumnachweis erfolgte ebenfalls photometrisch bei 620 nm nach Behandlung mit Dicyanochlorid (Grünfärbung). Aufgrund der Analysegenauigkeit aber insbesondere auch wegen der räumlichen Variabilität ist von einer Meßwertstreuung von ± 20 kg N/ha auszugehen (KERSEBAUM et al. 1987). Bei Flächen mit organischer Düngung kann die Streuung noch höher liegen.

Zur Bestimmung des Gesamtstickstoffgehaltes wurde nach KJELDAHL aufgeschlossen, und nach Überführung in Borsäure mittels einer Destillationsanlage (BÜCHLI) wurde der Stickstoff als Ammonium titrimetrisch nachgewiesen.

Zusätzlich wurden Phosphat und die Kationen Calcium, Magnesium, Kalium und Natrium mittels Flammenphotometer bzw. Flammen-AAS in der Gleichgewichtslösung bestimmt. Die Ergebnisse dieser Messungen werden hier nicht diskutiert.

3.3 Meß- und Simulationsergebnisse zum Bodenwasserhaushalt

Im folgenden werden Simulationsergebnisse für 14 Testflächen des Bornhöveder Schwerpunktraumes vorgestellt und mit Meßwerten verglichen. Die einzelnen standortbezogenen Parameterdateien wurden entsprechend der in Tabelle 1 zusammengefaßten und im Anhang ausführlicher gekennzeichneten physikalischen Bodenparameter, sowie zusätzlicher Informationen zum Grundwasserabstand und zur Dränung erstellt. Die Stützstellen für die pF-Kurven wurden mit Ausnahme der sehr sandreichen Standorte (Standort-Nr. 7, 65, 26, 27, 28 und 29) nicht vorgegeben, so daß diese anhand der Regressionsgleichungen durch das Modell abgeschätzt wurden. Da

dieses Verfahren nicht auf Böden mit niedrigen Feldkapazitäten (FK < 16%) geeicht ist, mußte hier auf Schätztabellen zurückgegriffen werden (BODENKUNDLICHE KARTIERANLEITUNG 1982). Bei den Standorten 35, 36, 64, 15, 18 und 19 lagen Rohrdränungen vor. Dieses wurde bei der Parameterfestlegung unter Angabe eines mittleren Dränabstandes von 15 m sowie einer Dräntiefe von 80 cm berücksichtigt.
Die jahreszeitabhängigen Pflanzenfaktoren (Durchwurzelungstiefe, HAUDE-Faktor, Blattflächenindex) wurden, wie im Kapitel 4 beschrieben, eingesetzt.

3.4 Klimaverlauf

Es wurden für jeden Standort Modellläufe über den Zeitraum von insgesamt 6 Jahren durchgeführt. Die entsprechenden Eingangsdaten zur täglichen Kennzeichnung der Lufttemperatur (14°° Uhr), des Temperaturminimums, der Niederschlagsmenge und des Sättigungsdefizits wurden für die Jahre 1983 - 1988 den Meßergebnissen der Station Neumünster des DEUTSCHEN WETTERDIENSTES, die den Beprobungsstandorten des Bornhöveder Schwerpunktraumes am nächsten liegt, entnommen.

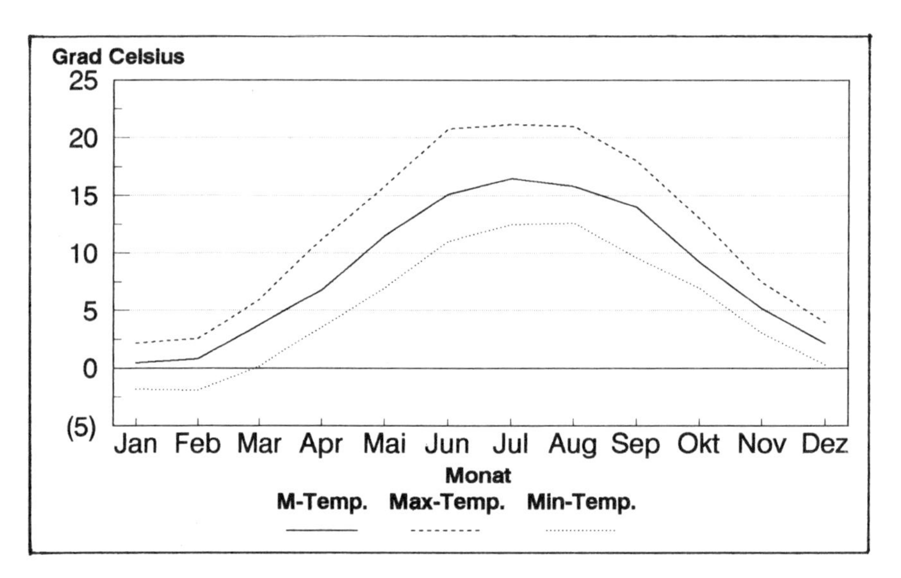

Abb. 7: Monatsmitteltemperaturen im langjährigen Mittel (Quelle: Ökosystemf. i. Ber. d. Bornh. Seenkette; Exkursionsführer).

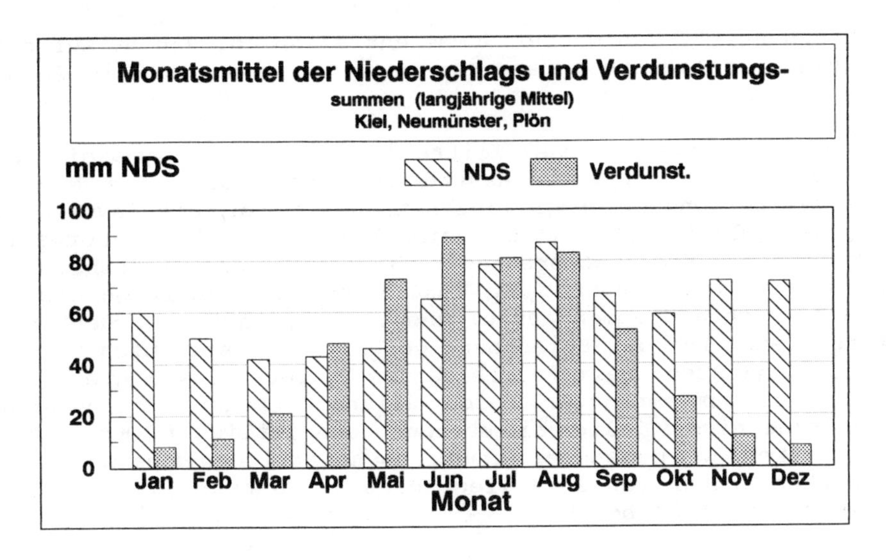

Abb. 8: Monatsmittel der Niederschlags- und Verdunstungssummen im langjährigen Mittel (Quelle: s.o.)

Von Juni 1988 an wurden im Rahmen des Forschungsvorhabens Ökosystemforschung im Bereich der Bornhöveder Seenkette umfangreiche Meßanlagen zur Erfassung klimatischer Kenngrößen installiert, so daß für den Simulationszeitraum Juni 1988 bis September 1989 auf diese Daten zurückgegriffen werden konnte. Die insgesamt milden Winter führen zum vorgezogenen Ablauf der phänologischen Phasen einzelner Kulturarten und vergleichsweise hohen Mineralisationsraten (BEINHAUER 1990).

Es wurden nur die Simulationsergebnisse für die Jahresläufe 1987/88 und 1988/89 ausgewertet, da auch nur während dieses Zeitraumes die Probennahmen durchgeführt worden sind. In den Abbildungen 9 und 10 wird der Verlauf von Temperatur und Niederschlag beider Zeiträume dargestellt. Es wird deutlich, daß sich bei ähnlichen Niederschlagssummen (1.10.1987 - 30.9.1989: 884 mm, 1.10.1988 - 30.9.1989 : 822 mm) die zeitliche Niederschlagsverteilung stark unterscheidet. Während die Niederschlagsmenge des Winterhalbjahres 1987/88 (Oktober bis März) 540 mm und damit fast 200 mm mehr als das langjährige Mittel (370 mm) ausmacht, werden für den entsprechenden Zeitraum im Folgejahr nur 339 mm bilanziert. Der niederschlagsärmste Monat dieses Zeitraumes ist der Januar 1990 (21,1 mm). Der Vergleich der Sommerniederschlagssummen beider Bilanzzeiträume ergibt ein umgekehrtes Bild. Während der Monate April bis September 1988 fielen 344 mm Niederschlag und damit ca. 40 mm weniger als im Mittel, wobei der August mit 20 mm der trockenste Monat war. Im Vergleichszeitraum des Folgejahres wurden 483 mm gemessen, also fast 100 mm mehr als im Durchschnitt. Von dieser Summe entfallen ca. 230 mm auf zwei Starkniederschlagsereignisse: im Juli 101,7 mm, und im August 126,8 mm.

Der trockenste Monat dieses Zeitraumes ist der Mai 1989 mit 12,8 mm Niederschlag. Zusammenfassend läßt sich über die Niederschlagsverteilung beider Bilanzzeiträume sagen, daß jeweils das Winterhalbjahr 1988/89 und das Sommerhalbjahr 1987/88 in etwa dem langjährigen Mittel entsprechen, während sich das Winterhalbjahr 1987/88 und das Sommerhalbjahr 1988/89 durch überdurchschnittliche Niederschlagssummen auszeichnen. Dies führt zu bedeutenden Unterschieden bei der Berechnung der Sickerwassermengen und der Auswaschungsraten. Beim Vergleich der Temperaturverläufe (Maximum- und Minimumtemperatur) beider Bilanzzeiträume mit langjährigen Meßergebnissen fallen die überdurchschnittlich milden Wintertemperaturen auf. Gegenüber der durchschnittlichen Monatsmittel--Maximumtemperatur von 2 °C liegt diese im Januar 1988 bei 5 °C und im Januar 1989 bei 6 °C.

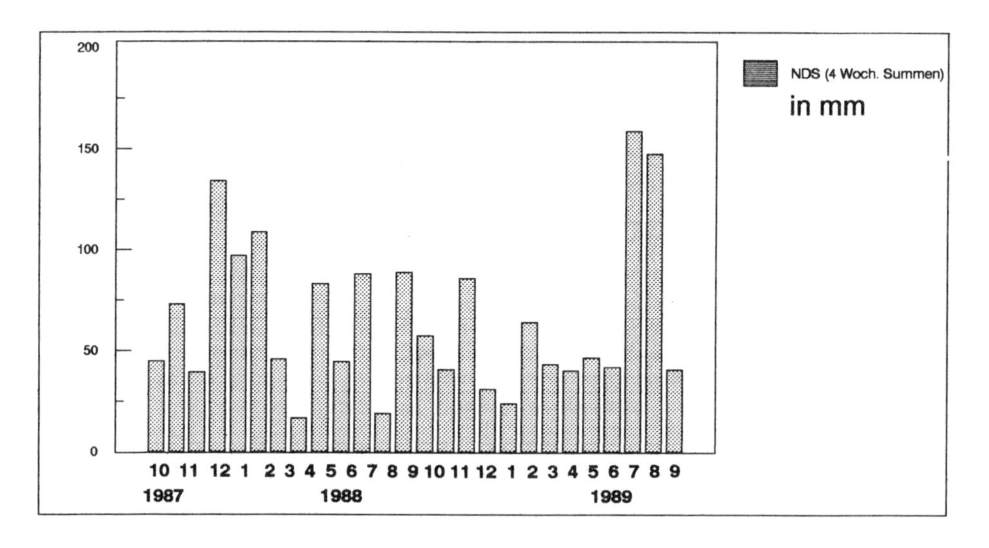

Abb. 9: Niederschlagsverlauf der Jahre1987/88 und 1988/89 (Meßstation Neumünster und Ruhwinkel DWD)

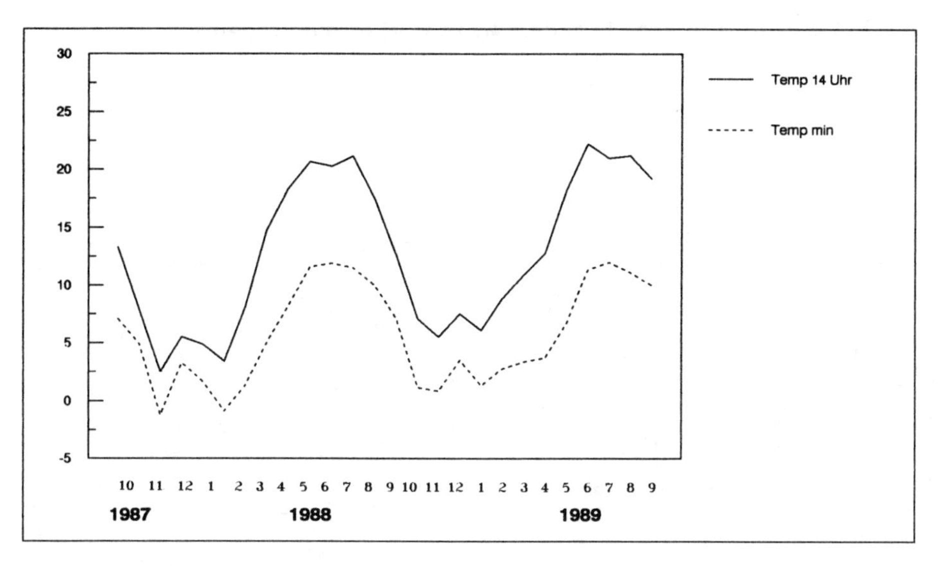

Abb. 10: Temperaturverlauf der Jahre 1987/88 und 1988/89 (Quelle s.o.)

3.5 Vergleich von gemessenen und simulierten Bodenwassergehalten und Erstellung von standortbezogenen Wasserbilanzen

Im folgenden werden die für die Entnahmetiefen 10-20 cm und 50-60 cm ermittelten Bodenwassergehalte mit den Simulationsergebnissen verglichen. Es werden die wesentlichen Unterschiede der einzelnen Standort- und Nutzungsvarianten bezüglich ihrer Auswirkungen auf den Bodenwasserhaushalt dargestellt.

3.5.1 Standort: Belau

Die Böden dieses Standortes sind durch niedrige Tonanteile und ein entsprechend geringes Wasserhaltervermögen gekennzeichnet. Die für diese Böden aus Tabellen (BODENKUNDLICHE KARTIERANLEITUNG 1982) abgeleiteten k_f-Werte variieren zwischen 100 cm /Tag im Oberboden und 600 cm /Tag im Unterboden. Die Tongehalte der Unterböden beider Maisäcker unterscheiden sich um ca 5 %. Beim Acker Nr. 26 liegen die auf der Grundlage der berechneten pF-Kurven simulierten Bodenfeuchten wie die gemessenen Werte in der Entnahmetiefe von 50-60 cm im Winterhalbjahr um etwa 8% Volumen-Prozentanteile höher als bei dem Vergleichsstandort Nr. 27. Der zeitliche Verlauf der Bodenwassergehalte wird durch das

Modell in zufriedenstellender Weise wiedergegeben.

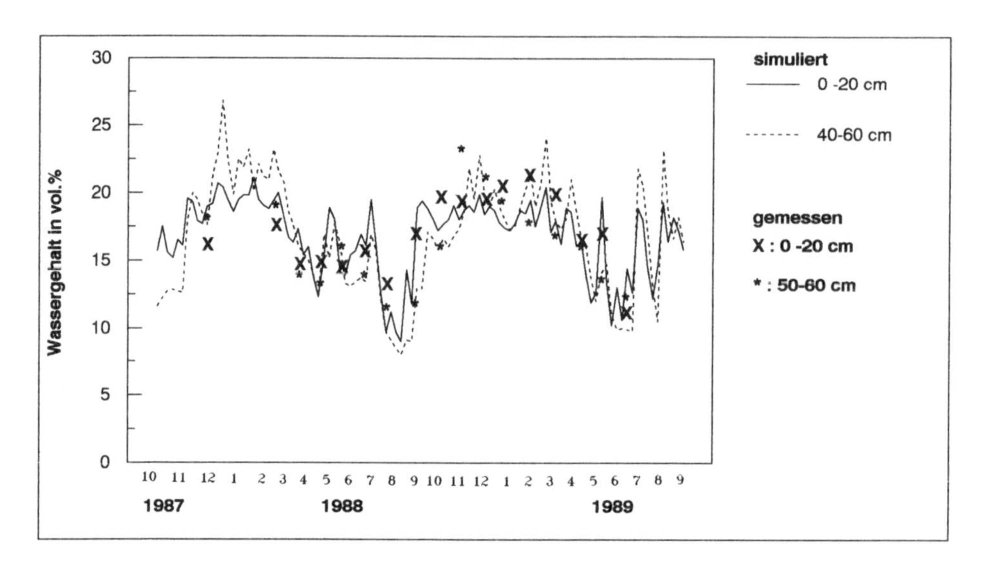

Abb. 11: Zeitlicher Verlauf der simulierten und gemessenen Bodenfeuchten in unterschiedlichen Tiefen (Standort Nr.26, sandige Braunerde,Mais-Mais)

Trotz des höheren Wasserspeicherungsvermögens der Beobachtungsfläche 26 werden fast identische Wasserbilanzen für die Zeiträume 1987/88 und 1988/89 errechnet. Bei genauerer Betrachtung des zeitlichen Verlaufs der für 100 cm Bodentiefe berechneten Sickerraten zeigt sich, daß diese zu Anfang der Grundwasserneubildungsphase bei Fläche 26 um ca. 20 mm pro Monat niedriger liegen, als bei der Fläche 27. Diese Differenz wird im Frühjahr (April) durch höhere Sickerraten der Fläche 26 nahezu ausgeglichen (Abb. 11 und 12).

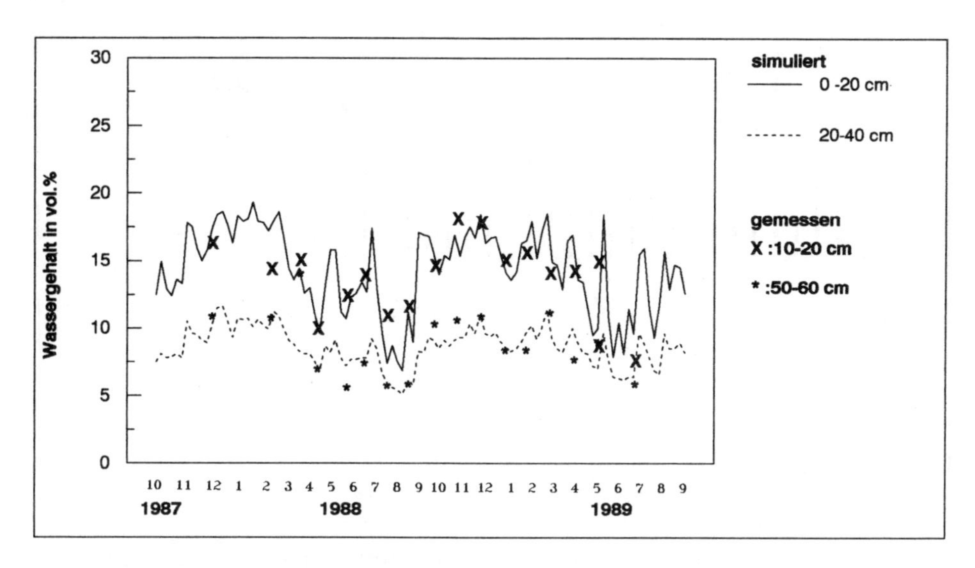

Abb. 12: Zeitlicher Verlauf der gemessenen und simulierten Bodenfeuchten in unterschiedlichen Tiefen (Standort Nr. 27)

Die späte Bestellung der Maisäcker (Anfang Mai) läßt im Frühjahr 1988 noch Tiefensickerungen zu.Im Frühjahr 1989 liegen diese aufgrund geringerer Niederschlagsmengen deutlich niedriger. Dies zeigt sich auch an den errechneten Jahresbilanzen. Während der simulierte Interzeptionsverlust für den Zeitraum 1987/88 um 19 mm höher berechnet wird (61 mm) als für den Folgezeitraum, beträgt die effektive Verdunstung 44 mm weniger, so daß die gesamte aktuelle Evapotranspiration für 1987/88 mit 405 mm, für 1988/89 mit 430 mm bilanziert wird. Aufgrund der hohen Niederschlagsereignisse im Juli und August 1989 kommt es noch während der Vegetationsperiode zu einer Speicherauffüllung, so daß der Gesamtwassergehalt zum Ende des Bilanzierungszeitraumes im Vergleich zum Vorjahr um 60 mm höher liegt.

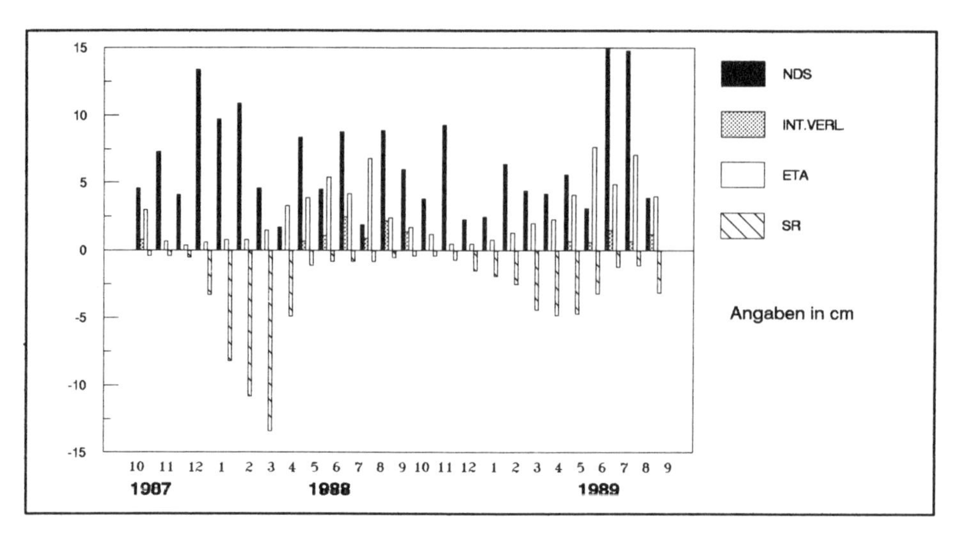

Abb. 13: Zeitlicher Verlauf der berechneten Wasserbilanzgrößen (Standort Nr.26, sandige Braunerde, Mais-Mais, 1987-1989)

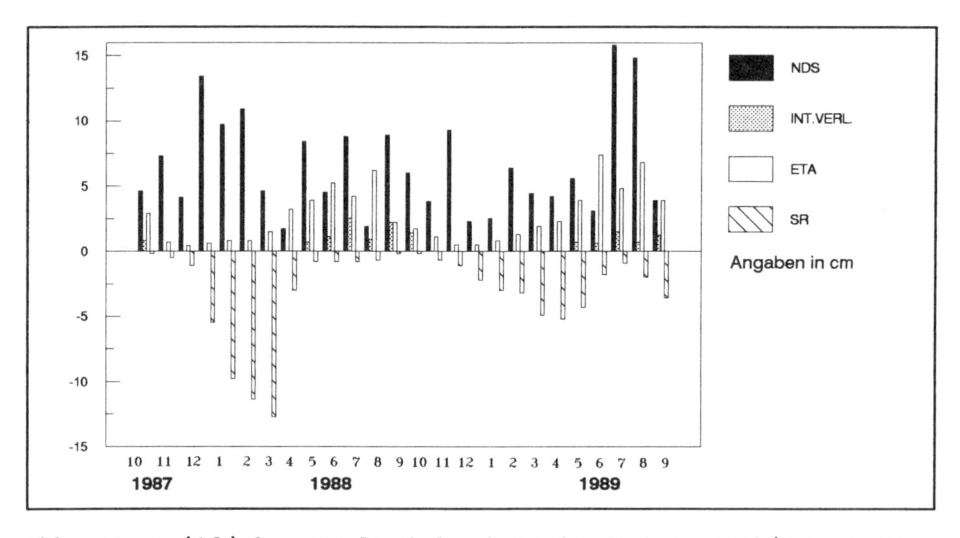

Abb. 14: Zeitlicher Verlauf der berechneten Wasserbilanzgrößen (Standort Nr. 27, sandige Braunerde, Mais-Mais, 1987-1989)

3.5.2 Standort: Wankendorf

Die Böden dieser Beobachtungsflächen zeichnen sich durch vergleichsweise hohe Ton- (15-20%) und Schluffanteile (ca 30%) aus. Die berechneten Feldkapazitäten liegen bei 28-30% Volumen-Prozentanteilen. Es handelt sich um grundwassernahe Böden (Gley-Parabraunerden) mit sehr niedrigen Durchlässigkeitsbeiwerten im Unterboden. Die Flächen sind dräniert. Die unterschiedliche Nutzung beider Flächen spiegelt sich deutlich im zeitlichen Verlauf der Bodenwassergehalte wider. Der Acker (Fläche Nr. 36) lag im Winter 1987/88 brach und wurde Anfang Mai 1988 mit Mais bestellt. Dementsprechend liegen hier die durchschnittlichen Wassergehalte um 5 Volumen-Prozentanteile höher als die unter Dauergrünland (Nr. 64). Erst im August 1988 stellen sich für beide Standorte vergleichbare Bodenwassergehalte ein. Ein anderes Bild ergibt sich im Folgezeitraum.

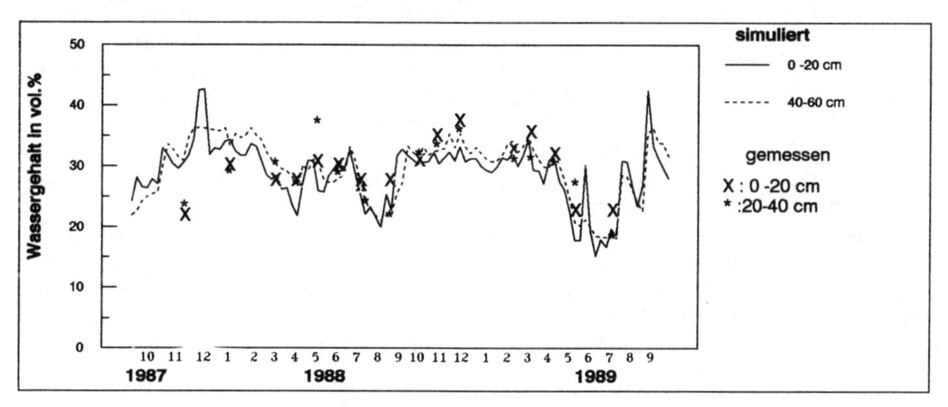

Abb. 15: Zeitlicher Verlauf der berechneten und simulierten Bodenwassergehalte (Standort Nr. 36, Gley-Parabraunerde, Mais-Weizen)

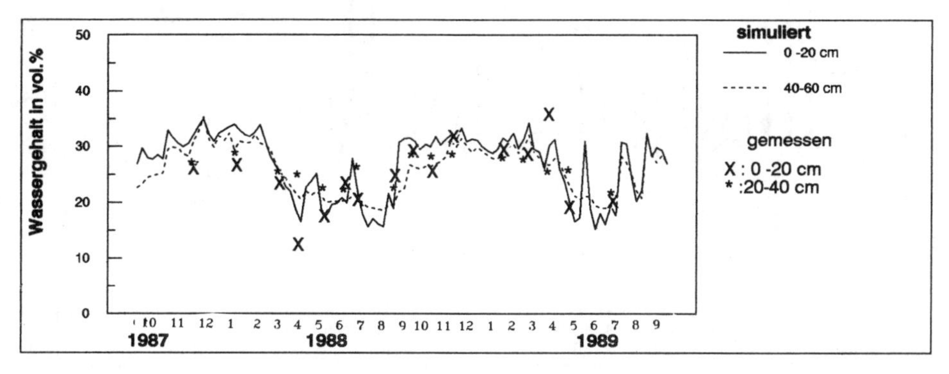

Abb. 16: Zeitlicher Verlauf der berechneten und simulierten Bodenwassergehalte (Standort Nr. 64)

Der nach der Maisernte in der zweiten Oktoberhälfte eingesäte Weizen führt im Frühjahr 1989 zu Interzeptions- und Transpirationsraten, die mit jenen des Dauergrünlandes vergleichbar sind. Gemessene und modellhaft errechnete Bodenwassergehalte stimmen im mittleren Verlauf in zufriedenstellender Weise überein.

Die berechneten Wasserbilanzen beider Standorte weisen für das Bilanzjahr 1987/88 erhebliche Unterschiede auf. Interzeptionsverlust und aktuelle Evapotranspiration des Grünlandstandortes liegen in der Summe im Vergleich zum Maisacker um 150 mm höher. Insgesamt 179 mm bzw. 20% des Gesamtniederschlages (884 mm) wurden aufgrund der ganzjährig vorhandenen Vegetationsbedeckung als Interzeptionsverlust bilanziert. Für den Mais liegt die Interzeptionsrate mit 80 mm nur bei 9% des Freilandniederschlages. Die Sickerwasser- bzw. Dränabflußmengen beider Flächen unterscheiden sich im Bilanzjahr 1987/88 um 96 mm. Der Vergleich der Bilanzgrößen des Zeitraumes 1988/89 ergibt weniger große Unterschiede zwischen dem Grünland- und dem Ackerstandort. Interzeption und aktuelle Evapotranspiration (ETA) des Grünlandstandortes liegen in der Summe um 61 mm höher, wobei sich die Differenz hauptsächlich durch die verringerte Evapotranspiration bzw. wegfallende Interzeption nach der Weizenernte (Anfang August) ergibt. Die Sickerwassermengen bzw. Dränabflußmengen des Bilanzjahres 1988/89 liegen für den Grünlandstandort mit 150 mm um 150 mm, die des Ackerstandortes mit 241 mm um 181 mm niedriger als die des Vorjahres. Diese Unterschiede erklären sich aufgrund der niederschlagsarmen Winter- und Frühjahrsmonate. Durch die hohen Sommerniederschläge (Juli und August) kommt es gegenüber dem Vorjahr zu einer positiven Speicheränderung von 60 bzw. 62 mm bis in 100 cm Tiefe.

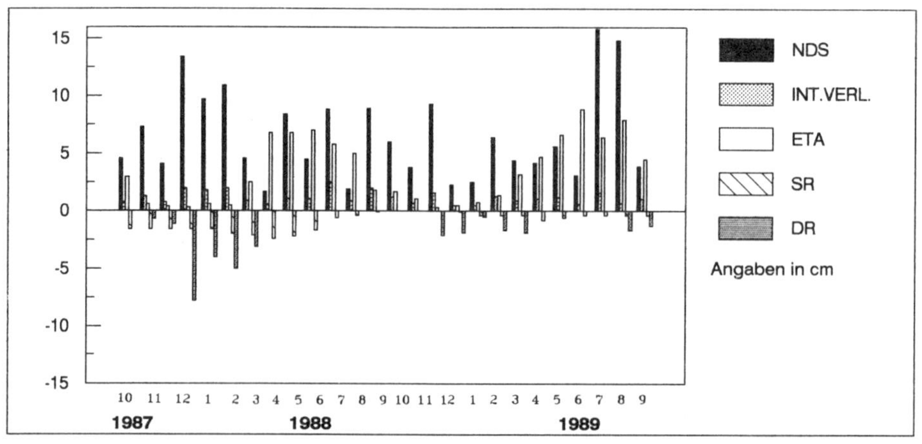

Abb. 17: Zeitlicher Verlauf der berechneten Wasserbilanzgrößen (Standort 64, Gley-Parabraunerde, Dauergrünland)

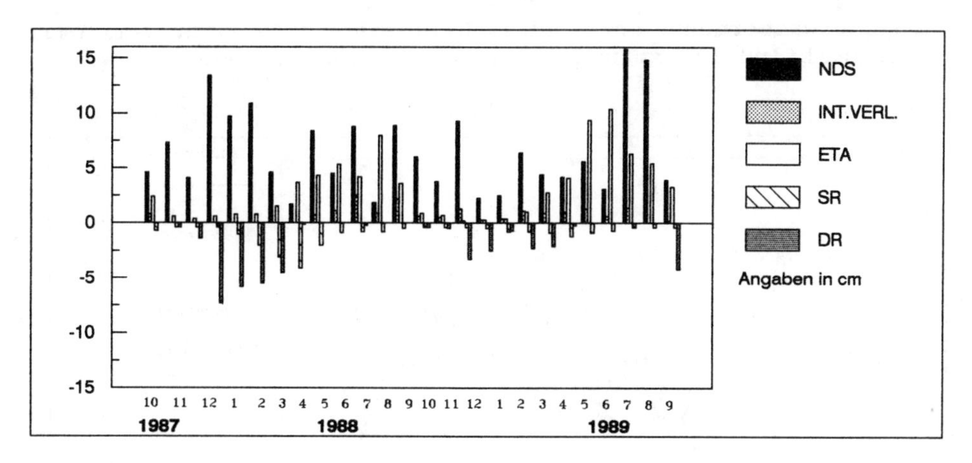

Abb. 18: Zeitlicher Verlauf der berechneten Wasserbilanzgrößen (Standort Nr. 36, Gley-Parabraunerde, Mais-Weizen)

3.5.3 Standort Schönböken

Auch dieser Standort zeichnet sich bei Feldkapazitäten von 27-30 Volumen-Prozentanteile durch ein hohes Wasserhaltevermögen aus. Allerdings ist die Wasserführung aufgrund höherer Durchlässigkeitsbeiwerte im Unterboden günstiger. Mit Ackerzahlen von 60 bis 65 Punkten liegt dieses Gebiet an der Spitze aller im Raum "Bornhöveder Seenkette" untersuchten Meßflächen. Die sich aus der Nutzungsabfolge Raps - Weizen ergebenden Unterschiede des zeitlichen Verlaufs der Bodenwassergehalte beider Betrachtungszeiträume sind gering.

Gemessene und berechnete Wassergehalte in den unterschiedlichen Tiefen weichen nur wenig von einander ab, lediglich die errechneten Wassergehalte des Oberbodens werden durch die Modellrechnung für die Monate Januar und Februar 1989 um 3-4 Volumen-Prozentanteile zu hoch bemessen. Interzeptionsverlust und Evapotranspiration beider Bilanzjahre erreichen in der Summe mit 445 mm (1987/88) und 442 mm (1988/89) fast identische Werte, wobei der Interzeptionsverlust beim Raps um 58 mm höher, die Evapotranspiration entsprechend niedriger berechnet wurde als beim Weizen.

Die Sickerwassermenge erreicht im Bilanzjahr 1987/88 zusammen mit dem Drän-Abfluß 330 mm und im Folgezeitraum 219 mm.

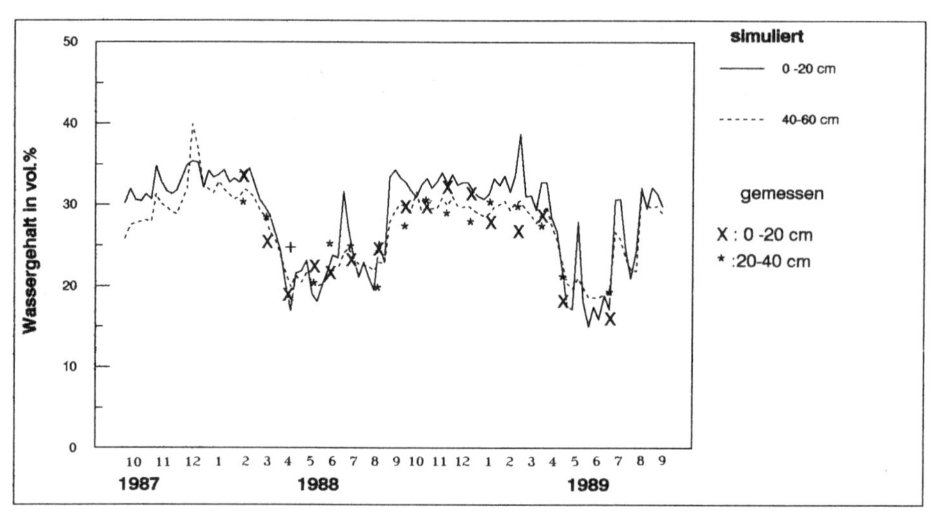

Abb. 19: Zeitlicher Verlauf der gemessenen und simulierten Bodenwassergehalte (Standort Nr. 15, Parabraunerde, Raps-Winterweizen)

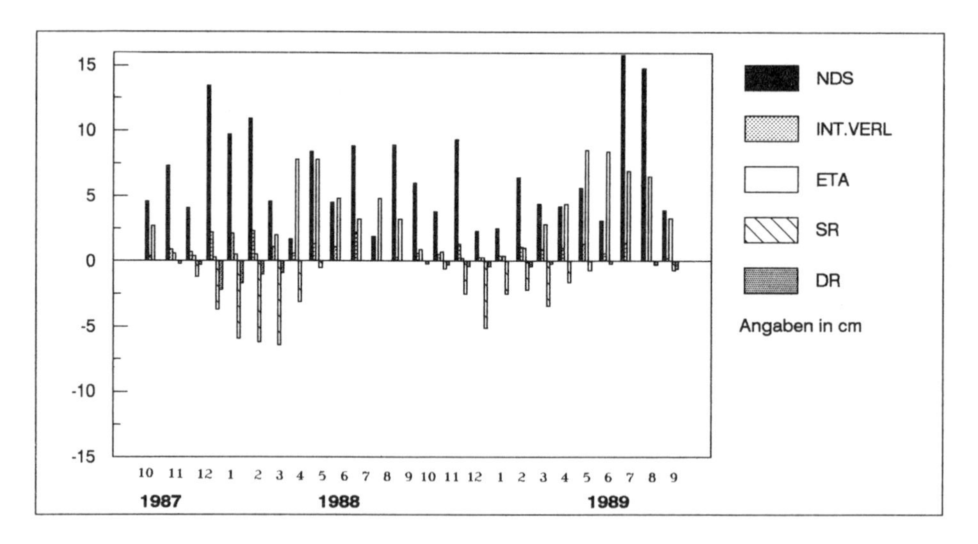

Abb. 20: Zeitlicher Verlauf der berechneten Wasserbilanzen (Standort Nr. 15, Parabraunerde, Raps-Winterweizen)

3.5.4 Zusammenfassende Auswertung der berechneten Wasserbilanzen

Die für die Jahre 1987/88 und 1988/89 errechneten Wasserbilanzen für 14 Standorte unterschiedlicher Nutzung und Bodenausstattung sind in der Tabelle 2 zusammengefaßt. Für die einzelnen Bilanzglieder lassen sich deutliche Abhängigkeiten von den Standortverhältnissen und den Nutzungsbedingungen ableiten. Der Interzeptionsverlust wird für den Buchenwald (Fläche 30) und bei Grünlandnutzung (Fläche 18, 28, 64 und 65) aufgrund hoher Blattflächenindizes bzw. ganzjähriger Bodenbedeckung am höchsten berechnet. Die niedrigsten Werte ergeben sich aufgrund der kurzen Wachstumsperiode beim Mais.

Tab. 2: Wasserbilanzen von 13 Standorten unterschiedlicher Nutzung und unterschiedlicher Bodenbedingungen (Bilanz zeiträume: 1.10.8730.9.1988, Niederschlagssumme=884mm)

Standort Nummer	Nutzung	Interzeptionsverlust	ETA (ohne Interzept.)	Speicheränderung 0 -100 cm	Sickerrate + Drän 100 cm T.
26	Mais	80	325	1	477
27	Mais	80	326	7	472
7	Mais	80	333	0	471
40	Mais	80	339	2	463
19	Mais	80	380	-7	432
36	Mais	80	363	19	422
15	W.Raps	155	390	9	330
42	W.Weiz.	134	387	1	362
35	W.Weiz.	134	421	0	329
28	Grünl.	179	351	-5	359
65	Gras	156	364	3	360
18 *	Gras	80	438	-12	377
64	Grünl.	179	413	-24	316

* im Frühjahr umgebrochen

Tab. 3 : Wasserbilanzen von 13 Standorten unterschiedlicher Nutzung und Bodenbedingungen (Bilanzzeiträume 1.10.1988-30.9.89 Niederschlagssumme: 822 mm)

Standort Nummer	Nutzung	Interzeptionsverlust	ETA (ohne Interzept.)	Speicheränderung 0 -100 cm	Sickerrate + Drän 100 cm T.
26	Mais	61	369	62	330
27	Mais	61	370	61	331
7	Mais	64	393	31	333
65 *	Mais	114	383	55	268
40	Mais	61	387	23	351
35	Mais	61	409	97	255
19	W.Rogg.	80	436	74	233
42	W.Gerst	93	416	91	222
15	W.Weiz.	97	445	59	219
36	W.Weiz.	97	454	30	241
28	Grünl.	131	407	86	199
18	Gras	119	447	66	198
64	Grünl.	131	481	60	150

Die über beide Bilanzzeiträume gemittelten Anteile des Interzeptionsverlustes am Freilandniederschlag ergeben für Winterweizen und Mais vergleichbare Werte zu den von HOYNINGEN-HUENE (1983) genannten (Mais: 8.2 % des Niederschlags errechnet, 8.3 % des Niederschlags bei HOYNINGEN-HUENE, Winterweizen: 13.5 des Niederschlags berechnet, 13.3 des Niederschlags bei HOYNINGEN-HUENE). Allerdings erscheinen die für Dauergrünland berechneten Interzeptionsverluste mit durchschnittlich 18 % des Freilandniederschlages als zu hoch; leider fehlt es an Meßwerten, die eine bessere Eichung der Pflanzenparameter, insbesondere des Blattflächenindexes für Grünlandstandorte liefern könnten. Die berechneten Werte für die Gesamt-Evapotranspiration liegen im oberen Bereich der von ERNSTBERGER (1987) und SOKOLLEK (1983) ermittelten Raten. KRÄMER (1984) nennt für Grünland Sickerraten von 18% des Gesamtniederschlages, woraus er eine Gesamtevapotranspiration von 82% ableitet. Es wäre auch hier durch Einzelmessungen zu prüfen, inwieweit die bei der Anwendung der HAUDE-Formel eingesetzten Pflanzenfaktoren bei gesonderter Berechnung der Interzeption zutreffen. Allein durch den Vergleich mit Meßwerten zur Bodenfeuchte kann eine geringfügige Überbewertung der Evapotranspiration nicht eindeutig aufgezeigt werden. Für Schleswig-Holsteinische Ackerböden werden mittlere Sickerraten von 47% des Freilandniederschlages bei Sandböden und 31% bei schluff- und tonreichen Böden des Östlichen Hügellandes genannt (BOYSEN 1977). Diese Angaben stimmen sehr gut mit den modellhaft errechneten Sickerwassermengen überein. Für die sandigen Braunerden der Flächen Nr. 7, 26, 27 errechnet sich für beide Bilanzjahre ein Mittelwert von 46,9 % des Freilandniederschlages, für die Standorte mit tonreichen Böden liegt der Anteil bei 34,2%.

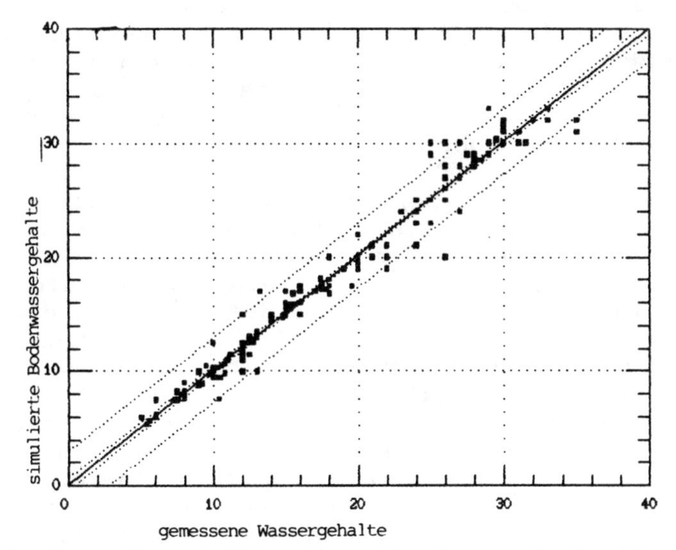

Abb. 21: Gegenüberstellung berechneter und simulierter Bodenwassergehalte von 13 Standorten zu unterschiedlichen Zeitpunkten

In Abbildung 21 soll abschließend die Plausibilität der Modellrechnungen zum Bodenwasserhaushalt anhand einer Korrelationsrechnung zwischen simulierten und gemessenen Bodenwassergehalten bzw. der berechneten Regressionsgraden aufgezeigt werden. Anhand des hohen Korrelationskoeffizienten (r=0.98) und der geringen absoluten Differenzen, kann davon ausgegangen werden, daß die errechneten Wasserbilanzen die tatsächlichen Größen in realistischer Weise widerspiegeln. Für die Zukunft ist geplant, die Pflanzenfaktoren nicht starr nach Zeitschritten, sondern jeweils für einzelne Kulturarten in Abhängigkeit von der über Temperatursummen abgeschätzten phänologischen Phase vorzugeben.

3.6 Vergleich von Meß- und Simulationsergebnissen zur Stickstoffdynamik dargestellt an ausgewählten Standorten

Während die für unterschiedliche Kulturarten allgemein anwendbaren Pflanzenfaktoren (Blattflächenindex, Durchwurzelungstiefe und HAUDE-Pflanzenfaktor) zur Simulation des Bodenwasserhaushalts eingesetzt wurden, ist zur Überprüfung der den Stickstoffhaushalt betreffenden Modellergebnisse die genaue auf Einzelstandorte bezogene Kenntnis der Bewirtschaftungsmaßnahmen erforderlich. Die

Angaben der Landwirte zur Mineraldüngung sind in der Regel sehr exakt, bei den angegebenen N-Eintragsmengen über Wirtschaftsdünger muß allerdings mit teilweise erheblichen Abweichungen gerechnet werden. Bei der Ausbringung von Festmist können die Stickstoffgehalte bzw. die Ammonium-Anteile nur grob geschätzt werden; häufig sind die Angaben zur ausgebrachten Mistmenge ungenau, da eine Wägung der einzelnen Ladungen unterbleibt.

Wie in Kapitel 2 dargestellt, umfaßt die Stickstoffdynamik in Böden eine große Anzahl von Einzelprozessen, die nur z.T. in das hier darzustellende Modellsystem eingehen. Es fehlt insbesondere die Einbeziehung von Prozessen, die eine Immobilisierung von Stickstoffverbindungen bewirken. Hier ist zum einen die Stickstoffaufnahme durch Bodenorganismen (BECK 1968; FREYTAG & RAUSCH 1981; MENGEL & SCHMEER 1985) zum anderen aber auch die reversible und irreversible Ammoniumfixierung durch Tonminerale (SCHACHTSCHABEL 1961; SCHERER 1989) zu nennen. Bei der Parameterfindung ergeben sich darüber hinaus insbesondere bezüglich der Festlegung des potentiell mineralisierbaren Stickstoffanteils bezogen auf den Gesamtgehalt der einzelnen Bodenschichten Probleme. Da für die untersuchten Böden bislang keine die Mineralisierungskapazität betreffenden Ergebnisse vorliegen, wurde nach Auswertung von Modelltestläufen ein Anteil von bis zu 30% des Gesamtstickstoffgehalts als langfristig potentiell mineralisierbar angenommen. Laut HOFFMANN (1989) variiert dieser Anteil in unterschiedlichen Böden zwischen 5-40%. Häufig wird 15% als Standardwert angegeben. Bei den hier betrachteten zum größten Teil intensiv organisch gedüngten Böden weisen Modellrechnungen bei Verwendung niedriger Anteile dieser Fraktion solange eine Akkumulation dieser Phase auf, bis etwa 30% des Gesamtgehalts erreicht sind. Erst dann stehen die der organischen Stickstofffraktion zugeführten schwer mineralisierbaren Anteile mit der Mineralisierungsrate bei Betrachtung längerer Zeiträume im Gleichgewicht. Die festgestellten, z.T. sehr engen C/N-Verhältnisse unterstützen die Annahme, daß der Anteil an mineralisierbarem Stickstoff gemessen am Gesamtstickstoffgehalt überdurchschnittlich hoch ist.

Im folgenden soll anhand von Einzelbeispielen aufgezeigt werden, in welchem Maße die Modellergebnisse mit Meßergebnissen zum N_{min}-Gehalt (mineralisch vorliegende Stickstoffanteile) einzelner Bodenschichten übereinstimmen. Zusammenfassend wird der Vergleich für 13 Standorte unterschiedlicher Nutzung und Bodenausstattung dargestellt. Die bewirtschaftungs- und standortabhängigen Unterschiede der Stickstoffdynamik bzw. Stickstoffbilanzen werden anhand der für die Jahre 1987/88 und 1988/89 ermittelten Ergebnisse diskutiert.

3.6.1 Detaillierter Vergleich zwischen berechneten und gemessenen N_{min}-Werten am Beispiel zweier Maisschläge

Für die zwei Maisfelder am Belauer See (Nr. 26 u. Nr. 27) liegen neben den im Rahmen des oben beschriebenen Beobachtungsprogrammes durchgeführten N_{min}-Untersuchungen eine Anzahl weiterer, bei der Betrachtung einzelner Bodenschichten differenzierterer Untersuchungsergebnisse vor. Diese Messungen wurden im Rahmen des Forschungsvorhabens "ÖKOSYSTEMFORSCHUNG IM BEREICH DER BORNHÖVEDER SEENKETTE" von A. BRANDING (1990) durchgeführt.

Die Bewirtschaftung beider Flächen unterscheidet sich im wesentlichen dadurch, daß die organische Düngung auf dem Acker Nr.26 mit Gülle, auf dem Acker Nr.27 mit Festmist erfolgt. Die Gesamt-Stickstoffeinträge liegen für beide Flächen mit 279.6 kg N/ha (NR. 26) und 292.6 kg N/ha (Nr. 27) in einer vergleichbaren Größenordnung. Es wurden auf den einzelnen Flächen in beiden Bilanzjahren die gleichen Stickstoffmengen zu vergleichbaren Zeitpunkten ausgebracht (Tabelle 4).

In die Berechnung wurden neben den Düngereinträgen ein Betrag von 19.6 kg N/ha als atmosphärische Deposition mit einbezogen. Der Anteil an eingetragenem organisch gebundenem Stickstoff macht bei der mit Festmist gedüngten Fläche 43% der Gesamtmenge aus, bei der Vergleichsfläche sind es aufgrund der höheren Ammoniumanteile von Gülle nur 23%. Als maximaler Pflanzenentzug wurden 220 kg eingesetzt. Es wurde davon ausgegangen, daß die Maispflanze keinen Stickstoff in den obersten zwei Kompartimenten (0-10 cm) aufnimmt.

Tab.4: Stickstoffeinträge durch Düngung der Bilanzzeiträume 1987/88 und 1988/89 (Angaben in kg, Standort Belauer See Nr. 26 u. Nr. 27, sandige Braunerde, Mais-Mais)

Fläche	Datum	Düng.Art	N.org	NH4-N	NO3-N	N.ges
Nr. 27	- 31.3	Festmist	42.5	7.5	-	50.0
	7.5.	DAP*	-	48.0	-	48.0
	20.5.	Festmist	83.3	14.7	-	98.0
	23.6.	KAS**	-	39.0	39.0	78.0

Fläche	Datum	Düng.Art	N.org	NH4-N	NO-N	N.ges
Nr. 26	20.4.	Gülle	63.5	87.5	-	151.0
	5.5.	DAP*	-	27.5	-	27.5
	20.6.	KAS**	-	41.25	41.25	82.5

* KAS = Kalkammonsalpeter ** DAP = Diammonphosphat

Für die Felder Nr. 26 und Nr. 27 wurde eine Bodenbearbeitung (Durchmischung bis 30 cm Bodentiefe) jeweils nach der Festmist- bzw. Gülle- und der Diammonphosphat-Düngung, welche gleichzeitig mit der Aussaat durchgeführt wurde, vorgegeben.

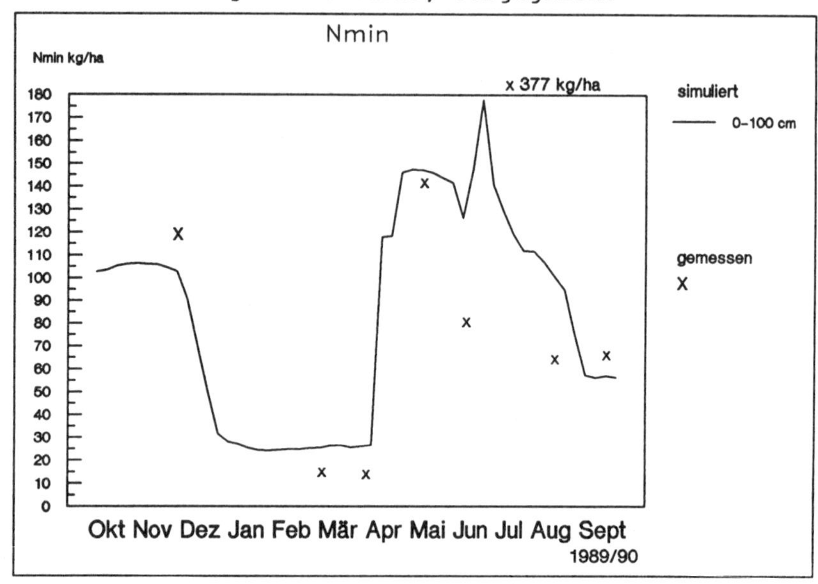

Abb. 22: Gemessene und simulierte N_{min}-Gehalte in 0-100 cm Bodentiefe (Standort Nr. 26, sandige Braunerde,

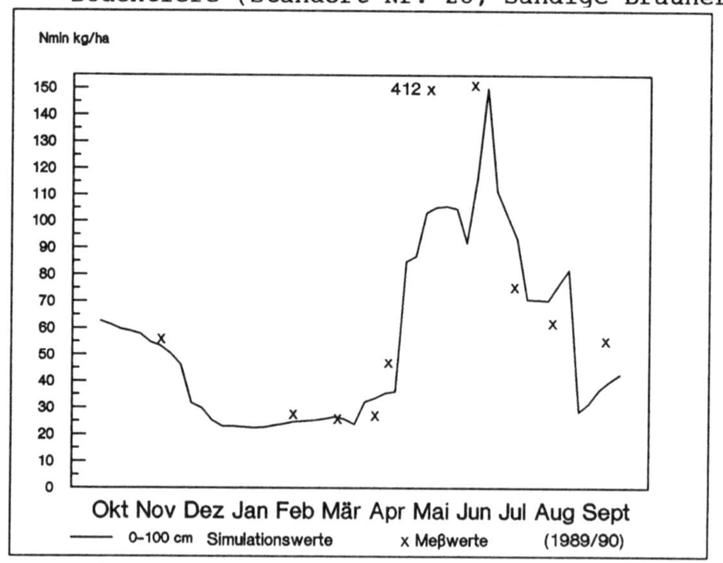

Abb. 23: Gemessene und simulierte N_{min}-Gehalte in 0-100 cm Bodentiefe (Standort Nr. 27, sandige Braunerde, Mais-Mais)

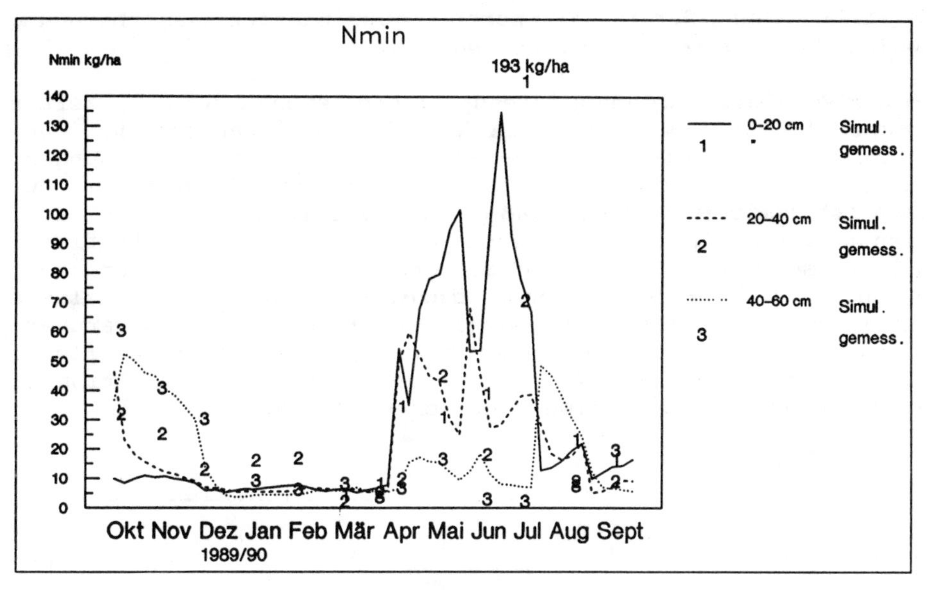

Abb. 24: Gemessene und simulierte N_{min}-Gehalte in 3 Bodentiefen (Standort Nr. 26, sandige Braunerde, Mais-Mais)

Auch bei der Betrachtung der N_{min}-Werte in unterschiedlichen Tiefen sind größere Differenzen zwischen Meßwerten und berechneten Werten nur während der Monate mit Düngerausbringung festzustellen. Trotz der genannten Differenzen stimmen die für die Nitratauswaschung entscheidenden Herbst- und Frühjahrswerte in zufriedenstellender Weise mit Meßwerten überein. Allerdings wird die auf die Starkregenereignisse vom 28.7.1989 und 28.8.1989 zurückzuführende Nitratverlagerung in den tieferen Bodenschichten (60-80 cm, 80-100 cm) durch das Modell überschätzt. Es ist zu vermuten, daß ein großer Teil des Sickerwassers in kurzer Zeit die oberen Bodenschichten über Makroporen verläßt, ohne daß es zu Konzentrationsgleichgewichten zwischen dem rasch perkolierenden und dem immobilen Wasser kommt. Es ist zu erwägen, inwiefern die Einbeziehung der in Makroporen stattfindenden Wasserbewegung die Modellaussagen präzisieren würden.

Bei dem Vergleich zwischen gemessenen und berechneten N_{min}-Werten bezogen auf 100 cm Bodentiefe kommt es nur während des Dünger-Ausbringungszeitraumes (Mai-Juli) zu größeren Abweichungen. Hierfür gibt es unterschiedliche Erklärungsmöglichkeiten. Zum einen ist damit zu rechnen, daß gerade im Zeitraum der Düngerausbringung die kleinräumige Streuung der Stickstoffkonzentrationen im Boden sehr hoch ist. Es muß mit größeren Meßfehlern gerechnet werden, da bei der Probennahme einzelne, noch nicht aufgelöste Düngerkörner das Meßergebnis stark beeinflussen können. Darüberhinaus könnte aber auch eine durch den Mineraldünger induzierte Stimulierung (KUNDLER 1969, REGER 1982) der Mineralisation zu den vorgefundenen teilweise sehr hohen N_{min}-Werten führen.

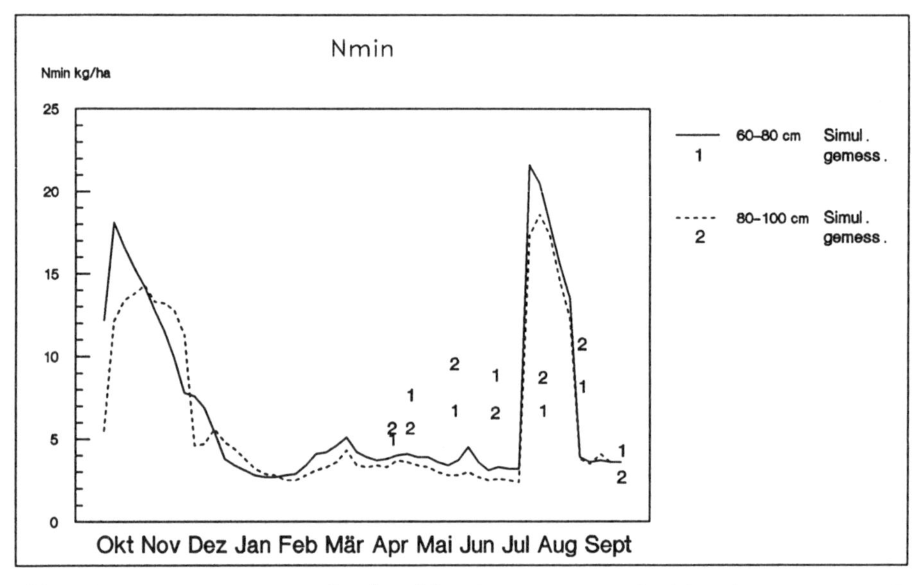

Abb. 25: Gemessene und simulierte $\mathbf{N}_{min}$-Gehalte in 2 Bodentie fen (Standort Nr. 27, sandige Braunerde, Mais-Mais)

Der berechnete Pflanzenentzug liegt beim Feld Nr. 27 um 15 kg N/ha niedriger als die im Rahmen des Forschungsvorhabens "ÖKOSYSTEMFORSCHUNG IM BEREICH DER BORNHÖVEDER SEENKETTE" ermittelten Meßwerte (Tabelle 5). Eine mögliche Erklärung hierfür ist die zu hoch berechnete Stickstoffverlagerung durch die zwei Starkregenereignisse im Juli und August. Weitere mögliche Erklärungen wären eine zu niedrig angesetzte Mineralisierung des aus dem Festmist stammenden organisch gebundenen Stickstoffanteils oder die Unterschätzung der bei Ausbringung des Festmistes bereits in mineralisierter Form vorliegenden Fraktion. Wie schon erwähnt, muß gerade bei Festmist mit größeren Ungenauigkeiten bei den Angaben der Ausbringungsmengen gerechnet werden. Die im Rahmen des Forschungevorhabens "ÖKOSYSTEMFORSCHUNG IM BEREICH DER BORNHÖVEDER SEENKETTE" durchgeführten Messungen zum Stickstoffentzug durch die Maispflanzen zeigen, daß sich die Modellergebnisse von den Meßergebnissen z.T. unterscheiden. Die Ursache hierfür liegt möglicherweise darin, daß sich die Meßergebnisse nur auf den Stickstoffgehalt der oberirdischen Pflanzenteile beziehen, die Modellergebnisse aber die Gesamtaufnahme wiedergeben sollen. Der für Feld 26 berechnete Pflanzenentzug entspricht dann den Meßwerten, wenn man einen Anteil von 10% zu den für die oberirdischen Pflanzenteile gemessen N-Gehalten als Wurzelgehalte hinzurechnet. Somit sind die durch das Modell berechneten, zeitlich jeweils vorgezogenen Aufnahmeraten durchaus plausibel.

Tab. 5 : Vergleich gemessener und berechneter Pflanzenentzüge
Standort: Belauer See (26), Nutzung: Mais

Datum	Feld Nr 26		Feld Nr 27	
	Meßwert	berechnet	Meßwert	berechnet
21. 6.1989	11.7	82.9	12.0	75.9
18. 7.1989	98.1	142.9	129.0	126.7
13. 8.1989	133.5	175.3	142.2	148.9
12. 9.1989	148.1	192.9	167.6	158.4
12.10.198	179.2	196.6	181.8	165.9

* gemessen: Aufnahme durch oberirdische Pflanzenteile
* simuliert: gesamte Pflanzenaufnahme

In den Abbildungen 26 und 27 werden die für die Tiefen 0-20 cm und 40-60 cm im Zeitraum vom 1.1.1988-1.10.1989 bestimmten N_{min}-Gehalte gegen die entsprechenden Modellergebnisse abgetragen. Es wird deutlich, daß die Abweichungen hier in keinem Fall den Bereich des Meßfehlers von 20 kg N/ha überschreiten. Der hohe Sandanteil im Unterboden und das damit verbundene niedrige Puffervermögen gegenüber einer Nitratverlagerung bedingen insbesondere für Standort Nr. 27 vergleichsweise geringe N_{min}-Werte in der Tiefe 50-60 cm .

Die zum Zeitpunkt der Ernte gemessenen und berechneten N_{min}-Werte beider Äcker unterscheiden sich erheblich. Unter dem Acker Nr.26

wird bis zu einer Bodentiefe von 100 cm im Herbst 1988 ein

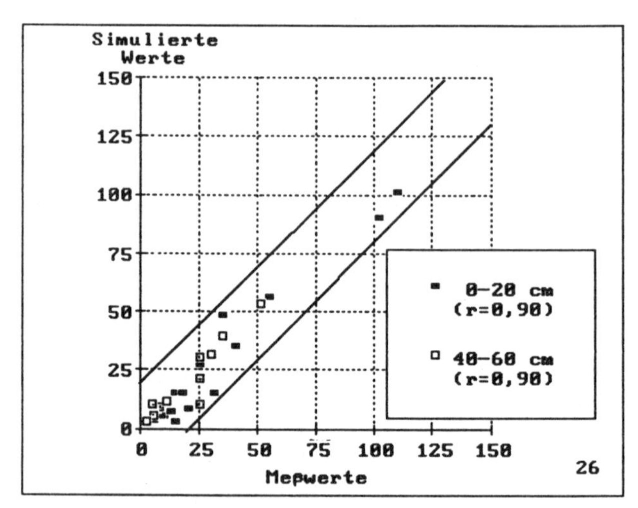

Abb. 26: Verhältnis zwischen gemessenen und simulierten N_{min}-Gehalte (Standort Nr. 26, sandige Braunerde, Mais)

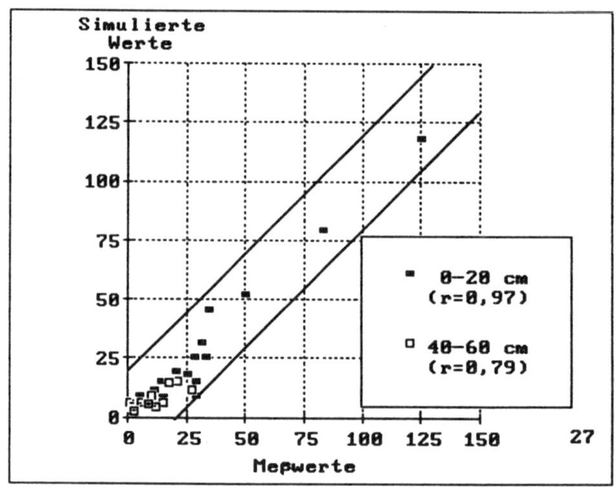

Abb. 27: Verhältnis zwischen gemessenen und simulierten N_{min}-Gehalten (Standort Nr.27, Mais-Mais)

N_{min}-Rest von 123 kg N/ha gemessen, der simulierte Wert beträgt 105 kg N/ha. Die Vergleichswerte unter dem Acker Nr. 27 liegen bei 43 kg N/ha (gemessen) bzw. 55.2 kg N/ha (simuliert). Dieser Unterschied ist zum einen damit zu erklären, daß der Eintrag an mineralischem Stickstoff bei dem Acker Nr. 26 mit 219.2 kg um 43 kg N/ha höher ist, als bei der Vergleichsparzelle. Allerdings liegt die berechnete Mineralisierungsrate des mit Festmist gedüngten Maisfeldes (Nr. 27) mit 124.5 kg um 29 kg höher, als die des mit Gülle gedüngten Vergleichsackers, so daß beim Vergleich des insgesamt zur Verfügung stehenden mineralischen Stickstoffanteils nur ein Unterschied von 26 kg N/ha verbleibt. Die unterschiedlichen N_{min}-Gehalte sind darüber hinaus teilweise durch die größeren frühen (Oktober 1988) Auswaschungsverluste des Ackers Nr. 27 bedingt. Im Laufe des Winterhalbjahres werden die Unterschiede weitgehend ausgeglichen, so daß vor der Aussaat (April 1989) ähnliche N_{min}-Gehalte vorgefunden werden (ca. 20 kg N/ha). Damit liegen die für den Zeitraum von Oktober 1988 bis April 1989 berechneten Stickstoffverluste bei 78 kg N/ha (Nr. 27) bzw. 102 kg N/ha (Nr. 26). Sehr hohe Auswaschungsverluste werden für den Sommer 1989 aufgrund der zwei im Juli und August stattgefundenen Starkniederschlagsereignisse berechnet (Acker Nr. 26: 56 kg N/ha; Acker Nr. 27: 75 kg N/ha). Der Vergleich mit den Meßwerten (Abb. 25) zeigt allerdings, daß diese Verluste beim Standort Nr. 27 um etwa 10-15 kg N/ha durch die Modellrechnung überbewertet werden.In Abbildung 28 wird der berechnete Verlauf der N_{min}-Mineralisierung (Acker Nr. 27) zusammen mit jeweils auf Wochenmittel umgerechneten Werten für den Bodenwassergehalt und für die Lufttemperatur dargestellt. Es wird deutlich, daß die berechneten Mineralisierungsraten im wesentlichen dem Temperaturverlauf folgen. Im Unterschied zum Sommer 1989 fallen die für die Monate August und September des Jahres 1988 berechneten Werte im Vergleich zum Juni und Juli erheblich ab. Die niedrigeren Bodenwassergehalte führen hier zu einer Berechnung geringerer Raten. Anhand der eingesetzten Rechenvorschriften zur Abschätzung der Stickstoffmineralisation wird die in der Literatur beschriebene typische Ausbildung von Frühjahrs- und Herbstmaxima (z.B. BRAMM 1981) nicht wiedergegeben. Die parallel zu den hier diskutierten Untersuchungen durchgeführten Messungen zur Dehydrogenaseaktivität (MARX 1990) lassen ein Anwachsen der Enzymgehalte im Boden während der Herbstmonate erkennen. Um die Stickstoffmineralisierung durch Modellrechnungen exakter zu erfassen, ist die Einbeziehung weiterer Steuergrößen notwendig. So ist beispielsweise nicht der Gesamt-Kohlenstoffgehalt entscheidend für die Mineralisierungsrate, sondern die Zersetzbarkeit, also die Zusammensetzung der organischen Substanz. Weiterhin ist zu prüfen, inwieweit eine erhöhte Mineralisierung nach Wiederbefeuchtung (BECK 1968) in der modellhaften Beschreibung berücksichtigt werden müßte. Für die hier errechneten Raten zur Stickstoffmineralisierung liegen Meßwerte in ausgewerteter Form noch nicht vor. Im Rahmen des Forschungsvorhabens "ÖKOSYSTEMFORSCHUNG IM BEREICH DER BORNHÖVEDER SEENKETTE" werden derartige Untersuchungen durchgeführt, so daß zu einem späteren Zeitpunkt eine genauere Überprüfung möglich sein wird.

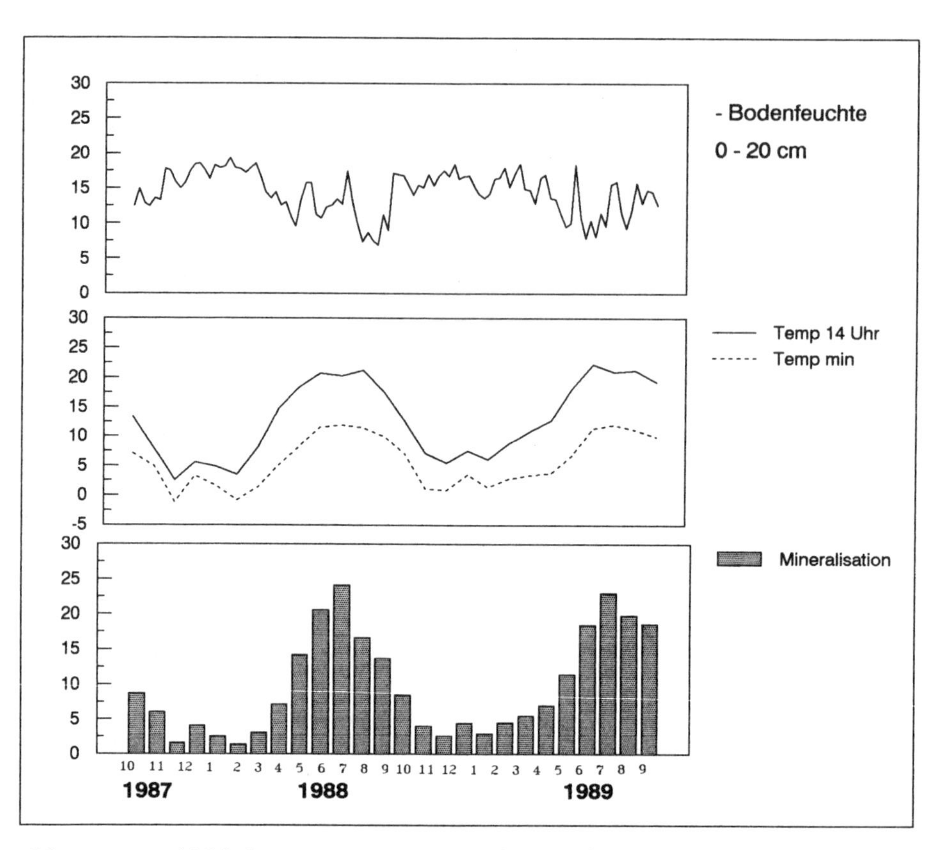

Abb. 28: Zeitlicher Verlauf der Mineralisationsraten, Lufttemperatur und Bodenfeuchte (Standort Nr. 27, Mais-Mais, 1.10.1987-30.9.1989)

3.6.2 Überprüfung der Modellergebnisse an 13 Standorten unterschiedlicher Nutzung und Bodenausstattung

Im folgenden soll der Vergleich zwischen Meß- und Modellergebnissen zusammenfassend für weitere Flächen vorgestellt werden. Es wird überprüft, unter welchen Bedingungen die Modellergebnisse im besonderen Maße von den vorgefundenen N_{min}-Gehalten abweichen. Die für die Berechnung des Stickstoffhaushaltes der Einzelflächen wichtigen Eingangsgrößen werden in der Tabelle 6 zusammengefaßt. Eine ausführlichere Zusammenstellung der Bodenkenngrößen sowie der durch Düngung erfolgten Stoffeinträge ist dem Anhang zu entnehmen.

Tab.6: Wichtige Kenngrößen zur Berechnung des Stickstoffhaushaltes von 13 Beobachtungsflächen

Nr.	Nutzung 1987/88	Nutzung 1988/89	N-Eintr. 1987/88	N-Eintr. 1988/89	Bodenart oben unten	C/N-Verh.
7	Mais	Mais	388,6*	388,6*	Sl2 / S	8,2
65	Grünl.	Mais	480,1*	388,6*	Sl2 / S	12,0
15	W.Raps	Weizen	234,6	196,3	Ls3	11,0
18	Grünl.	Grünl.	426,1*	363,1*	Ls3	16,7
19	Mais	Roggen	320,0*	218,6*	Ls3	11,8
26	Mais	Mais	279,6*	279,6*	Sl2 /Sl3	11,7
27	Mais	Mais	292,6*	292,6*	Sl2 /mSfs	10,3
28	Grünl.	Grünl.	106,6	106,6	Su2	9,6
30	W.Raps	Weizen		255,9	Ls3 /Lts	14,0
35	Weizen	Mais	382,1*	374,6*	Sl4 /Sl4	14,2
36	Mais	Weizen	356 *	382,1*	Sl4 /Ls3	12,3
64	Grünl.	Grünl.	183,1*	183,1*	Sl4 /Ls3	13,8
40	Mais	Mais	454,6*	454,6*	Sl3 /Su3	12,0
42	Weizen	W.Gerste	339.5+	217,6*	Sl3 / Su3	12,6

* incl. Wirtschaftsdünger (Festmist, Gülle)
+ incl. Erntereste (hier Rübenblatt)
a: Oberboden b: Unterboden

In der Abbildung 29 werden zum Vergleich der 13 Meßstellen die im Zeitraum Januar 1988 bis Oktober 1989 für die Oberböden festgestellten N_{min}-Werte zusammen mit den Modellergebnissen in Form eines Streudiagrammes dargestellt. Nimmt man eine durch kleinräumige Variabilität der Nährstoffverteilung, Probennahme- und Meßfehler bedingte Fehlergrenze von ±20 kg N/ha an, so liegen etwa 10% der Modellergebnisse außerhalb dieses Bereiches. Eine genauere Analyse der auftretenden Abweichungen zeigt, daß die Nitratkonzentrationen unter dichter Vegetationsdecke nach Düngungsmaßnahmen überschätzt werden. Dieser Effekt wird besonders bei der Simulation des Stickstoffhaushaltes unter Grünland deutlich. Entweder kommt es in diesen Fällen zu einer sehr raschen Pflanzenaufnahme nach Infiltration des ausgebrachten Düngers, so daß der monatliche Probennahmeabstand für die Erfassung eines kurzzeitigen Nährstoffanstieges nicht ausreicht, oder es findet in größerem Ausmaß eine Interzeption und Nährstoffaufnahme des ausgebrachten Düngers durch die oberirdischen Pflanzenteile bzw. durch die Grasnarbe statt. Bei dem Vergleich der für den Unterboden festgestelten N_{min}-Gehalte mit Modellergebnissen weichen ebenfalls ca. 10% der berechneten Werte um mehr als ± 20 kg N/ha ab. Dabei werden die berechneten N_{min}-Gehalte häufig überschätzt. Neben der schon anhand der Beschreibung von Einzelbeispielen geschilderten durch Starkregenereignisse verursachten zu hohen Bewertung der vertikalen Verlagerung müssen hier auch die Nichtberücksichtigung der Ammonium-Festlegung durch die reversible bzw. irreversible Adsorption und der temporären Fixierung durch Mikroorganismen sowie u.U. eine zu geringe Gewichtung der Denitrifikation als mögliche Gründe untersucht werden.

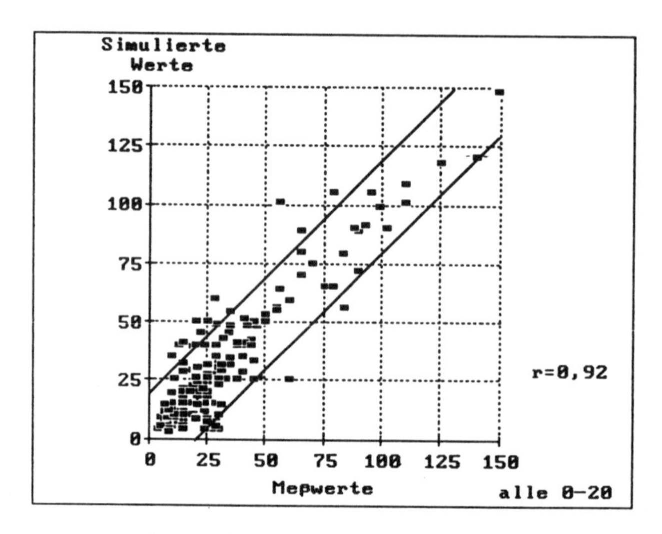

Abb. 29: Verhältnis zwischen berechneten und gemessenen N_{min}-Gehalten in den Oberböden (0-20 cm) von 13 Vergleichsstandorten (n=169)

Die Berücksichtigung der Dynamik von "Zwischenschicht-Ammonium" z.B. durch die im Modellsystem "WASMOD&STOMOD" schon implementierten Teilmodelle zur Beschreibung der Ad- und Desorptionsdynamik kann möglicherweise exaktere Stickstoffbilanzen, insbesondere für tonreiche Böden liefern. Allerdings müßten Voruntersuchungen klären, mit welchen reversibel festgelegten Ammoniummengen bei den einzelnen Böden zu rechnen ist. SCHERER (1989) fand alleine in Oberböden (0-30 cm) je nach Substrat (Basaltverwitterung, Löß) einen Vorrat an nicht austauschbarem Ammonium von 59-267 mg N/kg Boden, was maximal mehr als 1000 kg N umgerechnet auf 1 Hektar bedeutet. Für die gesamte durchwurzelte Zone werden Mengen bis zu 3246 kg N/ha angegeben. Während der Vegetationsperiode können hiervon 200-250 kg N/ha mobilisiert werden (VAN PRAAG et al. 1980, SCHERER 1989).

Auch hinsichtlich der chemischen und physikochemischen Prozesse, die im Zusammenhang mit der Denitrifikation stehen, bestehen noch erhebliche Wissensmängel. Während die Abhängigkeit dieses Vorganges vom Bodenwassergehalt und der Temperatur von vielen Autoren beschrieben wurde (HANSEN et al. 1984, JONES et al. 1986, ROLSTEN & BROADBENT 1977), ist eine Determinierung hinsichtlich des Kohlenstoffgehaltes und seiner Bindungsformen in der Bodenlösung (STANFORD et al. 1975, OTTOW 1987) nur ansatzweise möglich. Noch schwieriger erscheint die Einbeziehung von Aggregatbereichen unterschiedlicher Sauerstoffversorgung (SMITH 1981), deren Ausbildung in Abhängigkeit zum Wassergehalt sowie zum Sauerstoffverbrauch der Pflanzenwurzeln steht (VOLZ et al. 1976, TIEDJE et al. 1984).

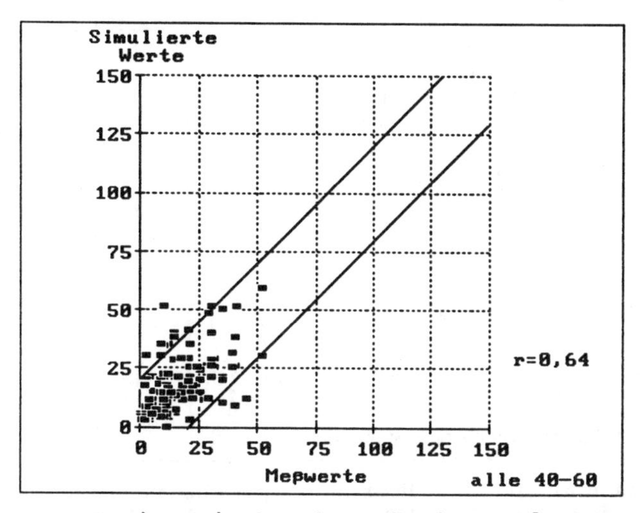

Abb. 30: Verhältnis zwischen berechneten und gemessenen N_{min}-Gehalten in den Unterböden (40-60 cm) von 13 Vergleichsstandorten (n=169)

Am Beispiel des Standortes Nr. 30 (Bodentyp: Pseudogley-Parabraunerde, Bodenart: L s über L ts) tritt die Überbewertung der N_{min}-Gehalte im Unterboden durch die Modellrechnungen besonders deutlich auf (Meßwerte wurden von A.BRANDING zur Verfügung gestellt). Während die N_{min}-Mengen in den Tiefen 0-20 cm, 20-40 cm und 40-60 cm zufriedenstellend genau durch das Modell berechnet werden, treten in den Tiefen 60-80 cm und 80-100 cm Abweichungen von je 30-35 kg N/ha auf. Anhand der Meßwerte wird deutlich, daß im Zeitraum Juli-August 1989 die Gehalte in den oberen Schichten signifikant abfallen. Dieser Abfall wird durch die Modellrechnungen wiedergegeben. Im Gegensatz zu den Modellrechnungen weisen die Meßergebnisse die entsprechenden N_{min}-Mengen allerdings nicht in den unteren Tiefen auf. Ein Pflanzenentzug in entsprechender Höhe ist als Erklärung unwahrscheinlich, da die modellhafte Bilanzierung des Pflanzenentzuges mit 239,9 kg N/ha (Erntemenge: 78,5 dt) diesen schon eher überbewertet. Inwieweit die Denitrifikation höhere Stickstoffverluste bewirkt, als durch das Modell errechnet (17,8 kg N/ha), oder sich eine Ammonium-Fixierung in den unteren Bodenschichten einstellt, ist durch vorliegende Ergebnisse nicht zu klären. Es bleibt festzuhalten, daß die genannten Prozesse insbesondere in Abhängigkeit von bodenphysikalischen Eigenschaften noch eingehender Untersuchungen bedürfen.

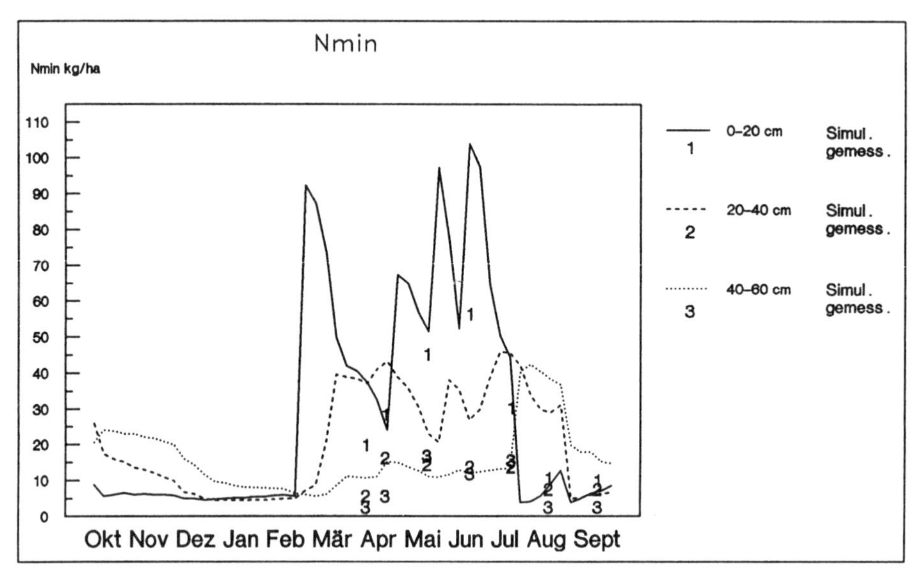

Abb. 31: Gemessene und simulierte N_{min}-Gehalte in Bodentiefen (Standort Nr. 30, lehmige Pseudogley-Parabraunerde, Mais-Mais)

Zur weiteren Überprüfung der Modellrechnungen wurden die jeweils nach der Ernte für das Bodenprofil 0-100 cm bestimmten N_{min}-Gehalte (1988 u. 1989 jeweils in 5 Einzeltiefen entnommen) mit den Modellergebnissen verglichen. In Abb. 33 sind Meß- und Modellerergebnisse beider Jahre für die 13 beschriebenen Standorte gegeneinander abgetragen. Es wird deutlich, daß hier die Abweichungen absolut betrachtet höher liegen. Insgesamt werden für ca. 70% aller Werte Differenzen zu den Meßwerten berechnet, die weniger als ±20 kg N/ha ausmachen; 11% der berechneten Werte weichen um mehr als 30 kg N/ha ab. Bei der Betrachtung der Einzelwerte unter Einbeziehung der Nutzungs- und Standortverhältnisse (Abb. 34) fällt auf, daß der herbstliche N_{min}-Gehalt unter Grünlandnutzung in 6 von 7 Fällen überbewertet wird. Wie schon diskutiert wurde, müßten hier besondere Aspekte der Nährstoffaufnahme von Gräsern (Aufnahme nahe der Bodenoberfläche, verstärkte Ammoniumaufnahme) in der Modellbeschreibung integriert werden werden.

Weiterhin fällt auf, daß extrem hohe N_{min}-Werte (Feld 40 und 36) durch das Modell eher zu niedrig bewertet werden. Da es sich hier um Äcker mit sehr hoher Gülle-Düngung handelt, wird möglicherweise schon bei der Parametervorgabe der Anteil an potentiell mineralisierbarem Stickstoff unterschätzt.

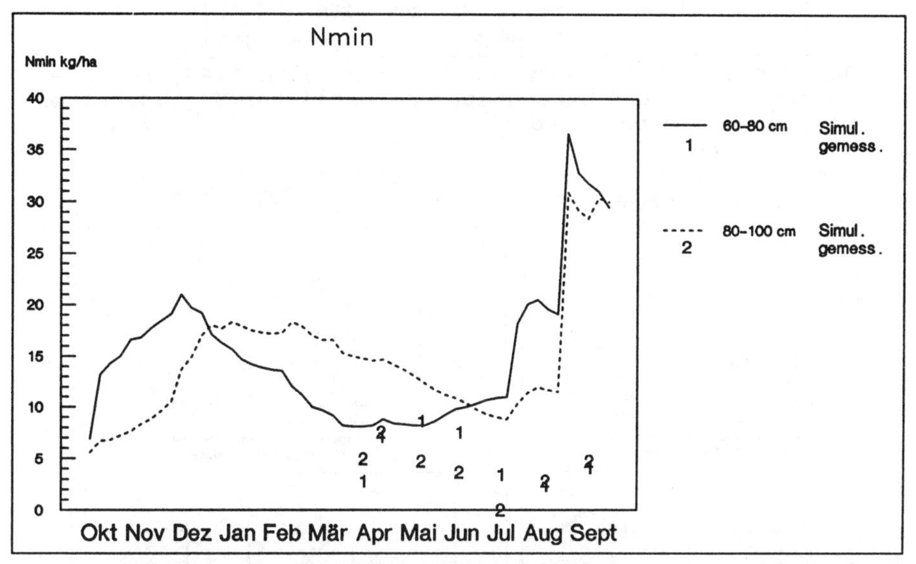

Abb. 32: Gemessene und simulierte N_{min}-Gehalte in 2 Bodentiefen (Standort Nr. 30, lehmige Pseudogley-Parabraunerde, Mais-Mais)

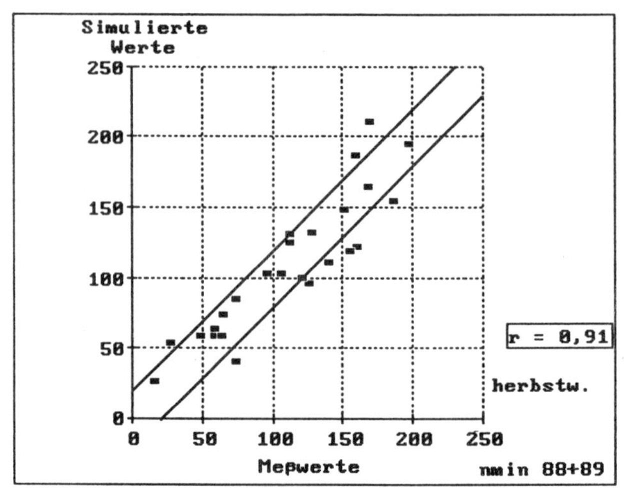

Abb. 33: Verhältnis zwischen den für die Jahre 1988 und 1989 gemessenen und berechneten herbstlichen N_{min}-Gehalten (13 Vergleichsstandorte)

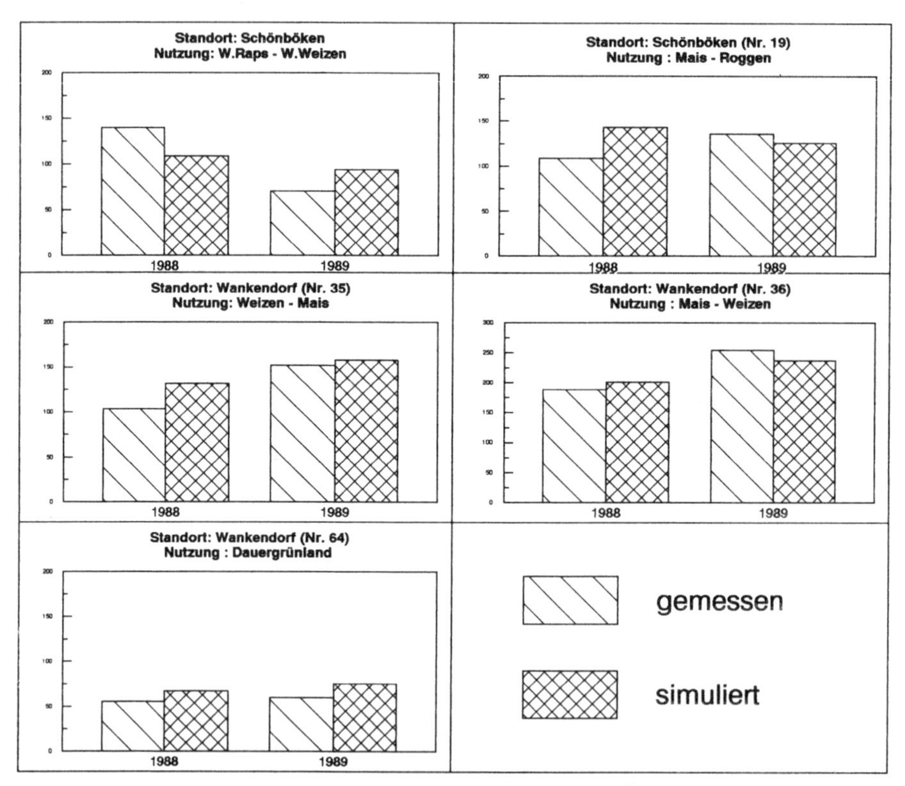

Abb. 34: Gemessene und errechnete herbstliche N_{min}-Werte (13 Standorte, Tiefe 0-100 cm, 1988 u. 1989)

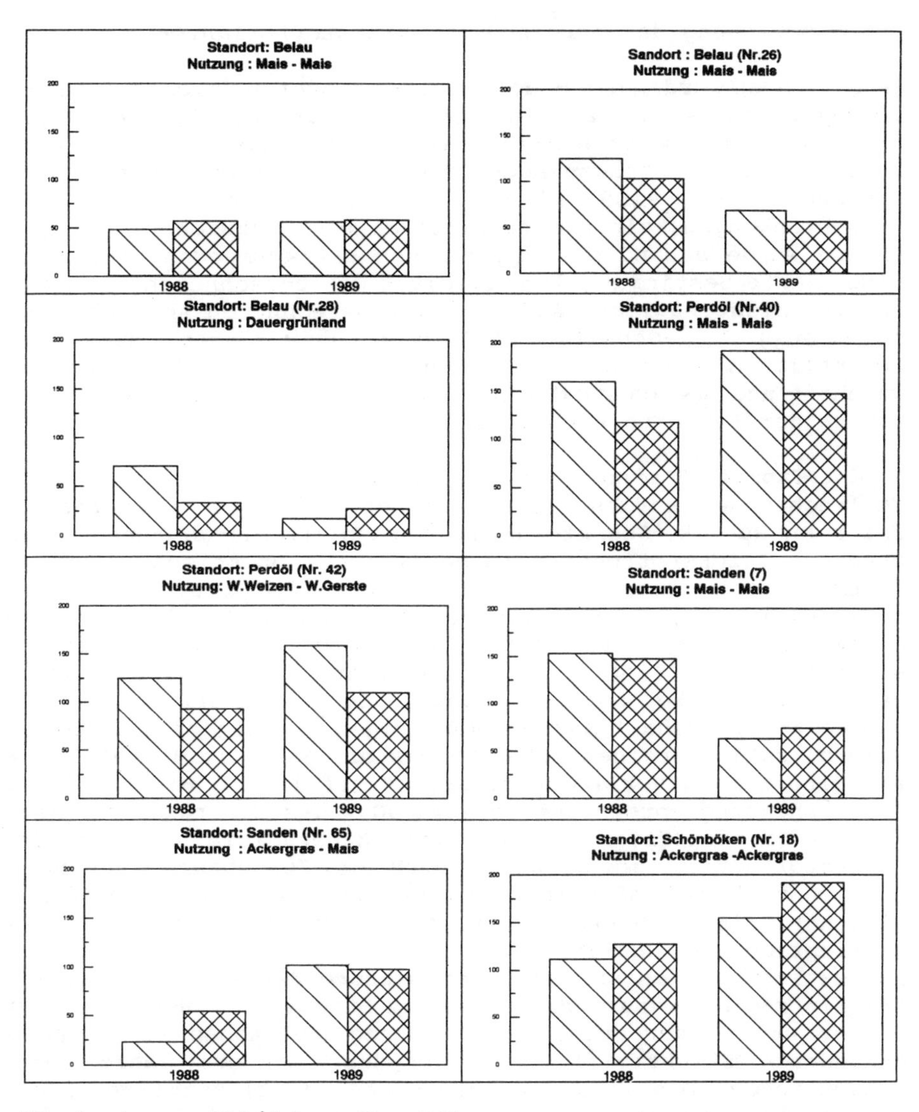

(Fortsetzung Abbildung Nr. 34)

3.6.3 Bewertung der errechneten Stickstoffbilanzen

Im folgenden werden die modellhaft errechneten Stickstoffbilanzen vorgestellt. Es muß daher an dieser Stelle betont werden, daß es sich hier um die Ergebnisse eines Simulationsmodells handelt. Lediglich die Eintragsmengen, die durch Befragung der Landwirte erhoben wurden, sind, mit den für Wirtschaftsdünger geltenden Einschränkungen, als exakte Bilanzglieder anzusehen. Der Ernteentzug wurde anhand der angegebenen Ertragsmengen abgeschätzt. Eine exakte Bestimmung der Validität der berechneten Bilanzglieder ist nicht möglich. Aufgrund der berechneten Abweichungen zu gemessenen N_{min}-Gehalten wird davon ausgegangen, daß für die wesentlichen Komponenten Pflanzenaufnahme, Mineralisierung, Auswaschung und Speicheränderung insgesamt bei 90 % der Modellrechnungen der Fehlerbereich unter ±30 kg N/ha liegt.

In der Tabelle 7 sind die wesentlichen Glieder der durch die Modellrechnungen aufgestellten Stickstoffbilanzen wiedergegeben. Unter der Rubrik 'Gesamteintrag' wurden alle durch Düngung eingebrachten Stickstoffmengen (mineralisch + organisch), sowie der Eintrag durch atmosphärische Deposition (18.6 kg/ha/Jahr) aufaddiert. Der über zwei Wirtschaftsjahre und 13 Flächen gemittelte Gesamteintrag von 311,1 kg N/ha setzt sich aus 233,5 kg mineralischen Einträgen (incl. der Ammoniumanteile von Wirtschaftsdüngern) und 77,6 kg organisch gebundenem Stickstoff zusammen. Mit dem Rest-N_{min}-Gehalt aus dem vorherigen Bilanzjahr und dem durch Mineralisation freigesetzten Stickstoff gehen im Mittel 529.9 kg als mineralisch vorliegender Stickstoff in die Bilanz ein. Der Pflanzenentzug entspricht in etwa 90 % des Eintrags an mineralischem Stickstoff, so daß die durch Mineralisierung (organische Stickstoffanteile aus Wirtschaftsdünger, Zersetzung von Humus und Pflanzenresten) zusätzlich zur Verfügung stehenden Anteile in der gleichen Größenordnung liegen, wie die durch Auswaschung, Denitrifikation und NH3-Emission verursachten Verluste. Die Mineralisationsrate entspricht über mehrere Jahre gesehen ungefähr dem Eintrag an organisch gebundenem Stickstoff aus Wirtschaftsdünger und Ernteresten, d.h. Eintrag und Abbau von organisch gebundenen Stickstoffformen sind über mehrere Jahre gesehen ausgeglichen. Die im Boden verbleibenden Stickstoffanteile aus Wurzel- und Ernteresten errechnen sich aus der Differenz zwischen der kalkulierten Pflanzenaufnahme und den anhand der Erträge abgeschätzten Ernteentzügen. Sie machen im Mittel 20-30 kg N/ha, bzw. 10-15% der gesamten Stickstoffaufnahme aus. Die über alle Flächen und zwei Bilanzjahre gemittelten Auswaschungsraten entsprechen fast exakt den mittleren Rest-N_{min}-Gehalten. Die mittlere Konzentration des für 100 cm Tiefe simulierten Sickerwassers (100 cm Tiefe) beträgt 33 mg N/l, was einer Nitratkonzentration von ca. 140 mg NO_3/l entspricht. Es liegen bezüglich der Nitratkonzentrationen nur Meßwerte für den Standort

Belau (26, 27 u. 28) vor. Hier wurden in der oberen Grundwasserschicht bei einem Flurabstand von ca. 10 m Konzentrationen von 120-150 mg NO_3/l (LILIENFEIN 1990). Die mittlere, für den Zeitraum Oktober 1987 bis September 1989 berechnete Sickerwasserkonzentration der beiden Maisstandorte beträgt 112 mg NO_3/l. Da die berechneten Konzentrationen nicht über den Meßwerten liegen, ist zu vermuten, daß der Nitrat-Abbau in der ungesättigten Zone durch Denitrifikation an diesem Standort gering ist.
Die beiden betrachteten Bilanzjahre unterscheiden sich erheblich voneinander. Insbesondere die für den Zeitraum 1988/89 berechneten höheren Auswaschungsraten und die geringeren Pflanzenentzüge sind auf die beiden Starkregenereignisse (Juli, August 1989) zurückzuführen, die zusammen mehr als 200 mm Niederschlag ausmachen. Besonders beim Maisanbau wird aufgrund der späten Nährstoffzufuhr mit bis zu 75 kg N/ha (Feld Nr.27 siehe Abb. 23) für diese zwei Sommermonate ein höherer Auswaschungsverlust berechnet, als für das gesamte Winterhalbjahr 1988/89. Auf lehmigen Standorten wirken sich die Starkregenereignisse nur gering auf die Sickerraten aus. Im Bilanzjahr 1987/88 dagegen treten während der Vegetationsperiode kaum Sickerverluste auf. Aufgrund der ergiebigeren Winterniederschläge (Okt. 1987-März 1988: 570 mm) kommt es allerdings im Vergleich zum Folgejahr zu erheblich höheren winterlichen Auswaschungsverlusten.

In der Abbildung 35 sind einzelne Bilanzglieder im zeitlichen Verlauf für die Felder Nr. 7 und 15 dargestellt. Während die berechneten winterlichen Auswaschungsverluste bei Standort Nr.7 in beiden Bilanzjahren zu einem Abfall des N_{min}-Vorrats auf unter 30 kg N/ha führen, wird für Standort Nr. 19 nur für das erste Bilanzjahr mit 93,6 kg N/ha ein Sickerverlust berechnet, der fast dem herbstlichen Rest-N_{min}-Gehalt entspricht. Im Folgejahr liegt trotz hoher herbstlicher Restgehalte (108 kg N/ha) aufgrund des im Vergleich zum Vorjahr geringeren Niederschlags (Oktober 1988-März 1989: 344 mm) der berechnete Auswaschungsverlust, bilanziert für das Winterhalbjahr 1988/89, bei nur 55 kg N/ha, was ca. 50% des Rest-N_{min}-Gehaltes entspricht. Die Unterschiede bezüglich der berechneten Auswaschungsverluste beider Standorte sind auf das höhere Wasserhaltevermögen (Feldkapazität von 28-30 Volumen-Prozentanteilen) sowie auf die winterliche Pflanzendecke (1987/88 Winterraps, 1988/89 Winterweizen) des Standortes 15 zurückzuführen.

VAN DER PLOEG & HUWE (1988) berechnen mit einfachen Mischungs- und Speicherzellenmodellen unter Vernachlässigung der Stickstoffaufnahme, Mineralisation, Denitrifikation und Immobilisierung Auswaschungsverluste für hypothetische Böden unterschiedlicher Feldkapazitäten und Sickerraten. Danach wird bei einer Feldkapazität von 180 l/m² (90 cm Tiefe) schon bei Sickerwassermengen von 270 l/m² ein Auswaschungsverlust von ca. 80% des

Tab. 7: Stickstoffbilanzen der Bilanzjahre 1987/88 und 1988/89 für 13 Standorte

Nr.	Bilanz-jahr	Anf. Geh.$_1$	Ges. Eintr.$_2$	Min. Eintr.$_3$	Org. Eintr.$_4$	Miner. rate	N.min Rest	Pflanz. aufn.	Denitr. NH3-Verd.	Aus-wa.$_5$
26	1987/88	80.0	279.6	219.2	60.4	95.6	105.3	200.4	39.4	49.7
	1988/89	105.3	279.6	219.2	60.4	116.7	57.4	196.6	21.2	166.0
27	1987/88	36.4	292.6	174.2	118.4	124.5	55.2	214.4	10.8	54.6
	1988/89	55.2	292.6	174.2	118.4	131.0	41.7	165.9	13.0	139.6
28	1987/88	36.4	106.6	106.6	0.0	35.2	31.8	112.1	5.9	28.4
	1988/89	31.8	106.6	106.6	0.0	38.3	27.3	102.1	7.4	39.9
7	1987/88	102.5	388.6	276.6	112.0	148.1	149.6	230.6	4.3	142.7
	1988/89	149.6	388.6	276.6	112.0	146.4	75.4	227.2	54.0	216.0
65	1987/88	37.4	480.1	425.0	55.0	136.8	53.7	393.6	95.5	56.5
	1988/89	53.7	388.7	276.6	112.0	215.3	97.4	229.7	87.0	131.5
15	1987/88	105.1	234.6	234.6	0.0	93.3	107.7	227.6	4.1	93.6
	1988/89	196.3	196.3	196.3	0.0	89.9	89.7	215.2	12.7	76.3
18	1987/88	126.3	426.1	362.1	64.0	124.5	126.3	363.2	25.9	97.5
	1988/89	126.3	363.1	299.1	64.0	111.4	167.1	360.9	21.0	50.0
19	1987/88	123.1	320.0	176.0	144.0	138.8	115.4	185.3	36.0	102.2
	1988/89	115.4	218.6	150.6	68.0	130.1	125.6	131.1	51.0	88.0
40	1987/88	102.3	454.6	294.0	160.0	156.2	113.3	231.1	34.8	133.3
	1988/89	113.3	454.6	294.0	160.0	165.7	157.3	227.0	27.0	162.0
42	1987/88	108.0	339.5	275.5	64.0	138.4	95.0	238.1	22.1	167.2
	1988/89	95.0	217.6	185.6	32.0	126.7	115.6	185.9	5.0	100.2
35	1987/88	76.5	382.1	270.0	112.0	157.7	164.3	245.0	21.9	73.0
	1988/89	164.3	374.6	262.6	112.0	140.4	157.8	193.2	58.2	157.8
36	1987/88	186.5	356.0	244.0	112.0	130.9	145.7	199.7	37.4	178.6
	1988/89	145.7	382.1	270.1	112.0	137.6	180.7	190.7	21.2	160.8
64	1987/88	49.4	183.1	151.1	32.0	36.5	63.1	142.7	5.0	26.5
	1988/89	63.1	183.1	151.1	32.0	38.7	75.1	138.0	7.0	32.8

1=Anfangsgehalt (Vorrat) 4=N-Eintrag in organischer Form
2=Gesamt-Eintrag 5=N-Verlust d. Auswaschung 3=N-Eintrag in mineralischer Form

herbstlichen Rest-N_{min}-Gehaltes errechnet. Bei einer Feldkapazität von 270 l/m^2 und 90 cm Tiefe und einer Sickerwassermenge von 180 l/m^2 liegt der Verlust bei nur 47% des Ausgangswertes. Diese Angaben entsprechen in der Größenordnung den mit WAS-MOD&STOMOD berechneten Werten. Bei der nach einzelnen Kulturarten differenzierten Betrachtung der berechneten Stickstoffbilanzen wird deutlich, daß die höchsten Verluste mit 38% des Gesamteintrags auf Standorte mit Maisanbau entfallen. Hier liegen sowohl die Eintragsmengen als auch die Sickerwasserraten sehr hoch.

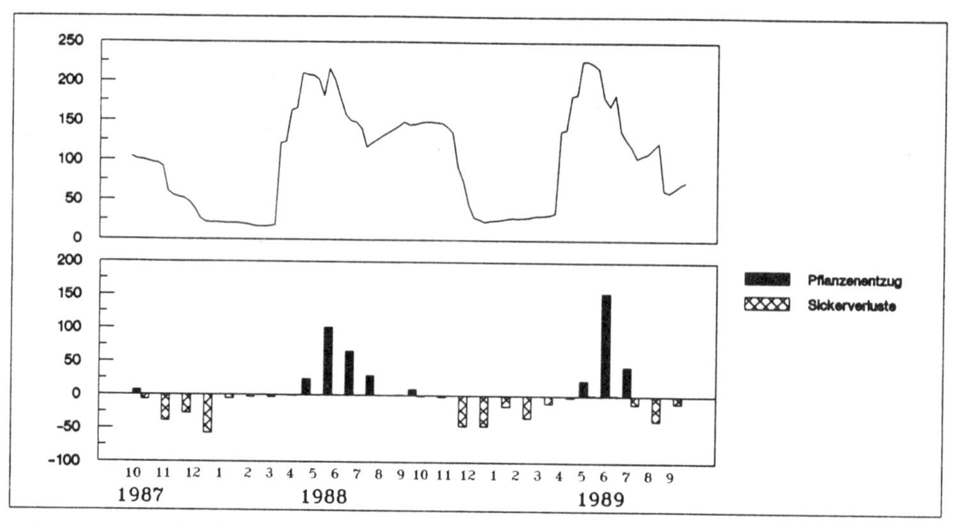

Abb.35a: Zeitlicher Verlauf einzelner Bilanzgrößen des Stickstoffhaushalts (Standort Nr.7, 1.10.87-30.9.89)

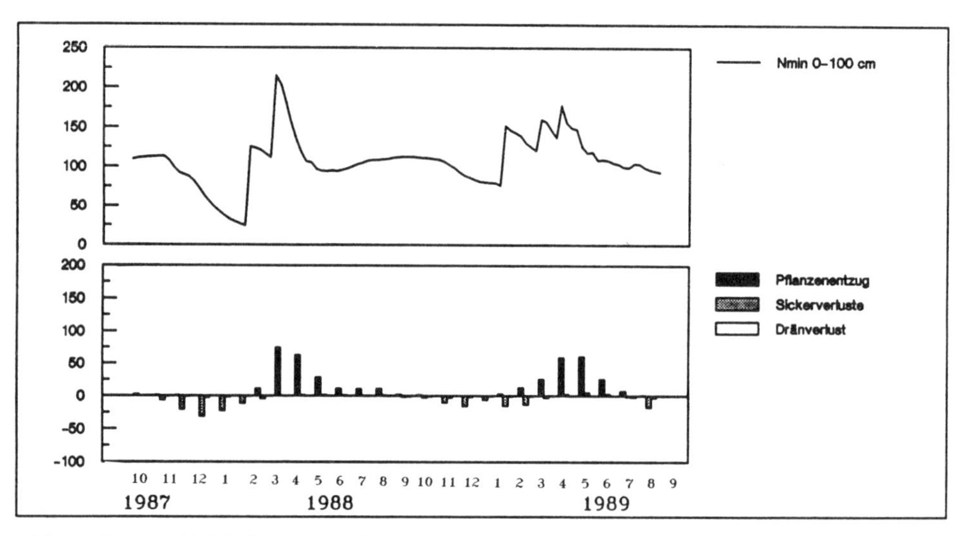

Abb.35b: Zeitlicher Verlauf einzelner Bilanzierungsgrößen des Stickstoffhaushalts (Standort Nr. 15, 1.10.1987-30.9.1989)

Die niedrigsten absoluten und auch in Relation zum Gesamteintrag berechneten Auswaschungsverluste (Mittelwert: 20%) werden bei Grünlandnutzung bilanziert.
In den vergangenen Jahren wurde eine Vielzahl von Stickstoffbilanzen auf der Basis von Untersuchungsergebnissen veröffentlicht (VILLSMEIER 1984, TIMMERMANN 1981, KRÄMER 1984, KÖHNLEIN & KNAUER 1958, GERTH & MAINKA 1988). KRÜLL (1987) berechnet für die landwirtschaftliche Nutzfläche Schleswig-Holsteins einen mittleren Stickstoffeintrag von 298,3 kg N pro ha. Bei einem angenommenen mittleren Ernteentzug von 130,5 kg N pro ha berechnet er einen jährlichen Bilanzüberschuß von 167,9 kg N pro ha.

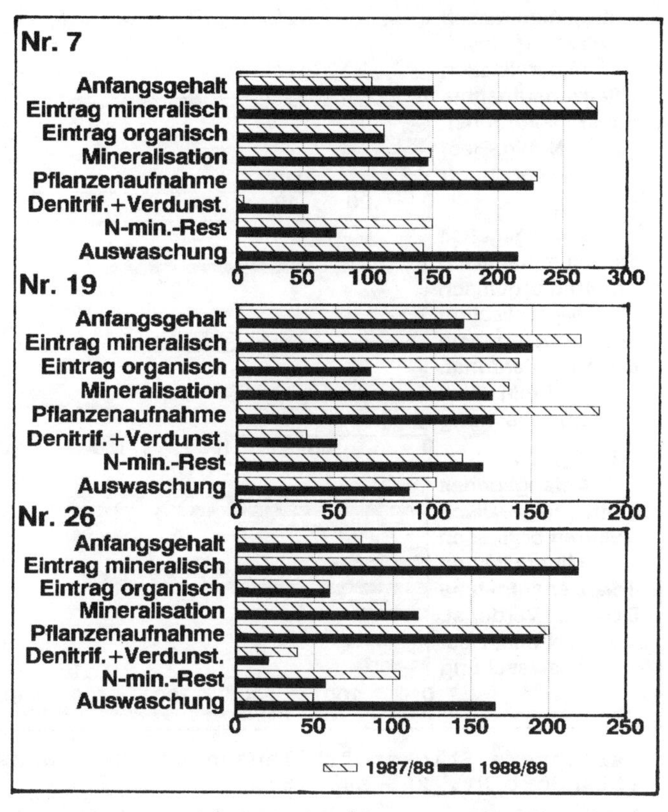

Abb. 36: Berechnete Stickstoffbilanzen für Standorte mit Maisanbau (StandortNr. 7, 19, 26)

Vergleicht man diese Angaben mit den vorliegenden Bilanzberechnungen, so zeigt sich, daß die über die 13 untersuchten Flächen gemittelten Eintragsmengen (mineralischer Eintrag und Mineralisationsrate) mit rund 350 kg N/ha um 50 kg höher liegen, als die von KRÜLL (1987) berechneten Mittelwerte, der N-Überschuß aber aufgrund der höheren Ernteentzüge (ca. 200 kg N/ha) bei den hier betrachteten Kulturarten mit 150 kg N/ha annähernd vergleichbar ist.

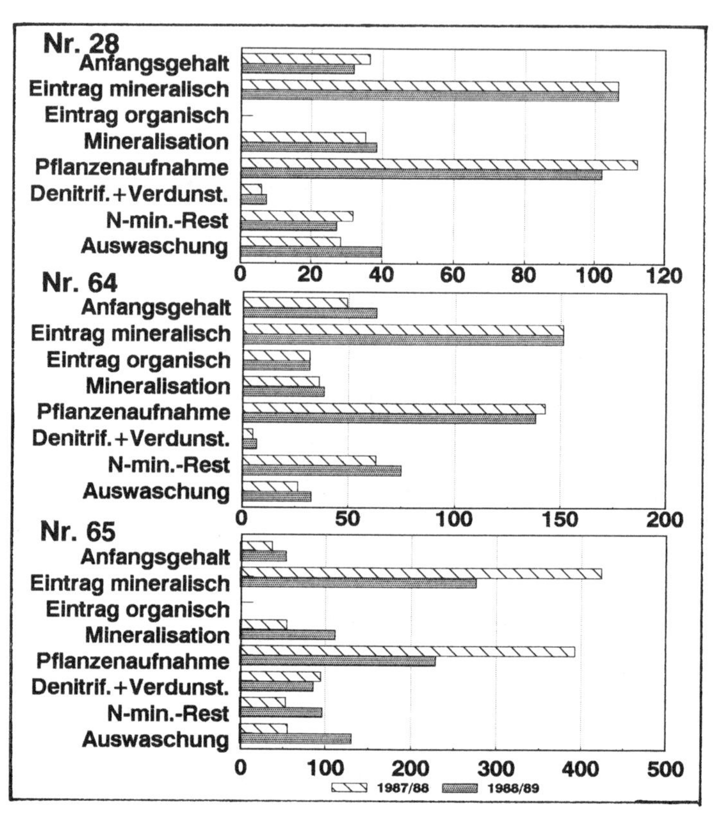

Abb. 37: Berechnete Stickstoffbilanzen für Grünlandstandorte (Standort Nr. 28, 64, 65)

SEVERIN & FÖRSTER (1988) werten in Niedersachsen an 322 Standorten durchgeführte N_{min}-Untersuchungen (Zeitraum: 1985-88) aus. Es werden durchschnittliche Rest-N_{min}-Gehalte (Herbstwerte) differenziert nach Kulturarten genannt, die für Raps bei 111 kg N/ha, für Mais bei 115 kg N/ha und für Getreide bei 60-65 kg N pro ha liegen. Ein Vergleich der mit WASMOD&STOMOD berechneten Sickerraten (im Mittel: 100/ha) mit Literaturangaben ist schwierig, da bei vielen der beschriebenen Lysimeter- und Freilandsickerversuche eine wesentlich niedrigere Stickstoffdüngung erfolgte. BOYSEN (1977 und 1981) gibt jährliche Stickstoffauswaschungsverluste von 68,6 kg N/ha für gedüngte Sandböden und 26,2 kg N/ha für gedüngte Lehmböden in Schleswig-Holstein an.

Es ist festzuhalten, daß das hier vorgestellte Modellsystem WASMOD&STOMOD in den meisten Fällen die durch Messung festgestellten N_{min}-Werte mit nur geringen Abweichungen wiedergibt. Es ist anzustreben, bestimmte Einzelprozesse, wie die mikrobielle und physikochemische Stickstofffixierung sowie die Denitrifikation in differenzierterer Form zu beschreiben. Voraussetzung hierfür sind umfangreiche Meßprogramme, wie sie teilweise im Rahmen des Forschungsvorhabens "ÖKOSYSTEMFORSCHUNG IM BEREICH DER BORNHÖVEDER SEENKETTE" durchgeführt werden. Aufgrund der festgestellten Übereinstimmung zwischen Meßwerten und Simulationsergebnissen erscheint die im folgenden zu beschreibende Erweiterung des Modellsystems zur flächenhaften Abschätzung von Wasser und Stoffbilanzen als zulässig.

4 Erweiterung des Modellsystems WASMOD & STOMOD zur Erstellung von gebietsbezogenen Wasser- und Stoffbilanzen und zur Ableitung von Modellparametern unter Einbeziehung eines "Geographischen-Informationssystems"

Die im Modellsystem WASMOD&STOMOD verwendeten Gleichungssysteme beschreiben zunächst nur die eindimensionale Bewegung des Bodenwassers bzw. der im Bodenwasser gelösten Stoffe für einen Standort. Um Wasser- und Stoffbilanzen für größere Areale, bzw. Wassereinzugsgebiete zu berechnen, müßten prinzipiell diese Prozesse dreidimensional erfaßt werden; aus Gründen der Programmgestaltung und des sehr hohen Bedarfs an Speicherkapazität und Rechenzeit werden üblicherweise (s. auch Kapitel 2) aber die Einzelprozesse ein- bzw. zweidimensional berechnet, so daß sich aus der Kombination eine Quasi-Dreidimensionalität ergibt. Wegen seines besonders hohen Differenzierungsgrades bezüglich der Beschreibung der vertikalen und lateralen Wasserbewegung sei an dieser Stelle das SHE-MODELL (Système Hydrologique Europèen, BEVEN et al. 1980) bzw. seine von ROHDENBURG et al. (1986) beschriebene Weiterentwicklung durch Kombination mit dem Modellsystem "DESIM" (Deterministic Site Model) genannt. Das Modell "SHE" basiert auf der Methode der "Finiten Elemente" und enthält Programmteile zur zweidimensionalen Berechnung der Oberflächen- und Grundwasserbewegung, sowie zur eindimensionalen Berechnung des Wasseraustausches mit der Atmosphäre (Evapotranspiration, Interzeption und Schneeschmelze) und der Wasserbewegung in der ungesättigten Zone. Einzelne Programm-Module zur eindimensionalen Berechnung der Wasserbewegung wurden durch Rechenroutinen des DESIM-Modells ersetzt. Dieser Ansatz macht eine Rasterung des zu berechnenden Areals erforderlich. Ein wesentliches Problem ist dabei die Festlegung der Rasterweite, da eine sehr enge Rasterung erforderlich ist, um für Reliefgestalt, Nutzungs- und Bodengrenzen einen hinreichend genauen Realitätsbezug zu erlangen, Speicherbedarf und Rechenzeit aber nur eine begrenzte Rasterweite zulassen.

4.1 Anbindung von Teilmodulen zur Berechnung des Oberflächenabflusses und zur Erstellung von Wasser- und Stoffbilanzen für einzelne Vorfluter

Der hier vorzustellende Ansatz setzt keine Rasterung der Bezugsfläche voraus. Auf der Grundlage der für die Modellrechnung relevanten Parameter zur Beschreibung von Bodenphysik, Reliefgestalt, Wettergeschehen, Pflanzendecke und anthropogener Nutzung werden unter Zuhilfenahme des "Geographischen Informationssystems" ARC-INFO durch Verschneidung kleinste Geometrien gebildet. Diese Einzelflächen, deren Größe in Abhängigkeit von der Homogenität des Areals sehr unterschiedlich sein kann, werden bei der Kennzeichnung der Modell-Eingabeparameter durch ihre Flächenschwerpunkte repräsentiert. Es wird also nacheinander für jeden Flächenschwerpunkt ein Simulationslauf durchgeführt und die Bilanzgrößen auf die Flächengrößen dieser kleinsten geometrischen Einheiten bezogen.

Interaktionen bezüglich der Wasserbewegung zwischen Einzelflächen werden momentan nur für das Oberflächenabflußgeschehen berücksichtigt. Dazu ist es erforderlich, den Modellablauf so zu gestalten, daß die Einzelflächen, repräsentiert durch ihre Flächenschwerpunkte, entsprechend der Fließrichtung nacheinander im Simulationsverlauf abgearbeitet werden. Dieses Verfahren kann nur dann zu validierbaren Ergebnissen führen, wenn die Flächenverschneidung so vorgenommen wird, daß der Oberflächenabfluß jeder Einzelfläche eindeutig einer Nachbarfläche zuzuordnen ist. Bei großer Variabilität von Hangneigung und Hangrichtung wird eine stark differenzierte Segmentierung in viele Einzelflächen erforderlich, wobei die Festlegung einer unteren Flächengröße unzumutbare Rechenzeiten verhindern kann. Wird für eine Einzelfläche ein Anteil an nicht infiltriertem Wasser berechnet und sind unter Einbeziehung des Gefälles sowie des Vegetations- und des Oberflächenwiderstandes Abflußvoraussetzungen erfüllt, so wird der entsprechende Zahlenwert mit Bezug auf den Zeitpunkt und der zugeordneten Flächennummer bzw. der Vorfluternummer in ein Vektorfeld gespeichert. Wird das abfließende Wasser einer Nachbarfläche zugeordnet, so wird der entsprechende Betrag bei Simulation dieser Nachbarfläche zum Bezugszeitpunkt eingelesen. Die Abflußmengen mehrerer Einzelflächen können einer Bezugsfläche als Input zugeordnet werden. Die Entscheidung, ob Abfluß stattfindet hängt von einer Reihe von Faktoren ab. Zunächst muß die durch Starkregen anfallende Wassermenge so groß sein, daß entsprechend der in Kapitel 2 beschriebenen Rechenverfahren Oberflächenwasser auftritt. Dieses ist von der Niederschlagshöhe pro Zeitschritt sowie von dem aktuellen Bodenwassergehalt, dem Matrixpotential und dem zugeordneten k_f-Wert des obersten Kompartimentes abhängig. Ist das Gefälle zu den Nachbarflächen kleiner als 2 Prozent, so wird kein Abfluß berechnet. Für das bilanzierte Oberflächenwasser wird in den folgenden Simulationsschritten eine Infiltration in das oberste Kompartiment berechnet. Bei einem höheren Gefälle hängt es zusätzlich von der Vegetationsdecke ab, ob eine Oberflächenabflußsimulation stattfindet. Bei Brache setzt die Simulation des Oberflächenabflusses ein, wenn die Höhe des berechneten Oberflächenwassers 10 mm überschreitet. Bei Pflanzenbewuchs wird hier in Anlehnung an das von WISCHMEIER (1978) entwickelte Verfahren zur Abschätzung des Bodenabtrages ein entsprechend des Blattflächenindexes höherer Wert eingesetzt (SCHWERTMANN 1980). Es ist geplant, bei der Weiterentwicklung des Modellsystems auch die Oberflächenstruktur und den Bearbeitungszustand des Bodens in ihrer Wirkung auf den Oberflächenabfluß mit einzubeziehen. Die Entscheidung, ob es zu einer Simulation von

Oberflächenabfluß kommt, hängt zusätzlich von den Eigenschaften der Flächengrenze ab. Nur wenn diese nicht als abflußhemmend (Straßendamm, Wall etc.) gekennzeichnet ist, wird die geschilderte Bilanzierung durchgeführt. In Abbildung 38 wird die erläuterte Methode zur Abflußbilanzierung zusammenfassend dargestellt.

Bei der Berechnung und Bilanzierung des Grundwasserabflusses bzw. der hiermit korrespondierenden Stofffrachten wird in der vorliegenden Modellversion ein stark vereinfachender Ansatz verwendet, wobei in Anlehnung an die Darcy-Gleichung die Abflußmenge in Abhängigkeit vom k_f-Wert und vom Grundwassergefälle berechnet wird.

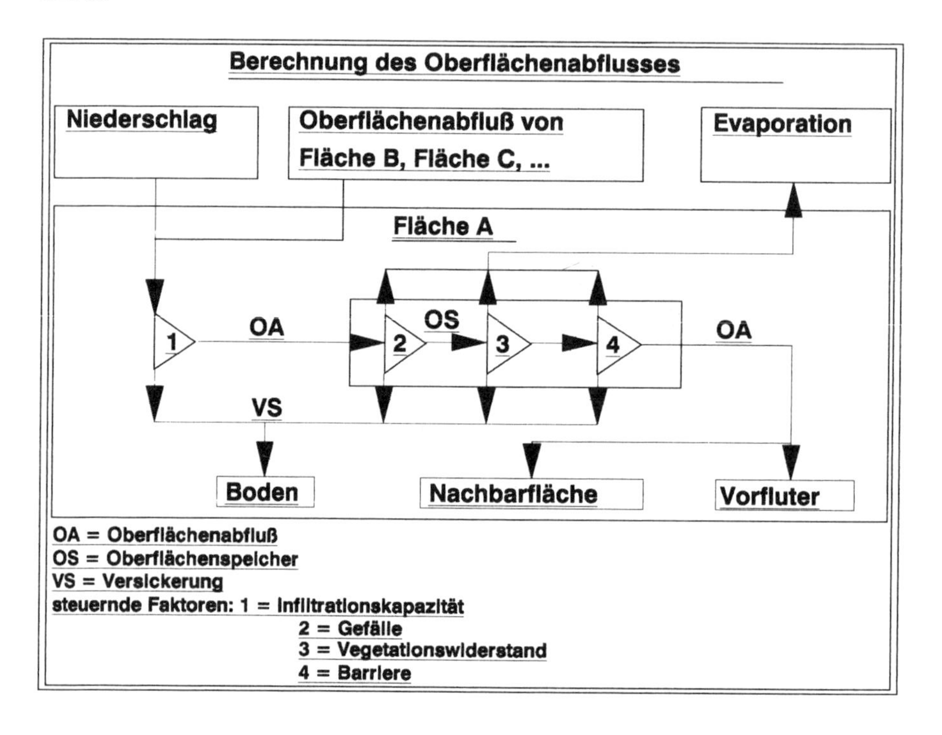

Abb. 38: Teilmodule zur Ableitung des Oberflächenabflusses

Der Grundwasserzufluß der zu berechnenden Bezugsfläche wird in einem Programmvorlauf entsprechend der Größe des Einzugsgebietes, der mittleren Grundwasserneubildungsrate und bekannter Pegelstände abgeschätzt. Für die Berechnung der Stoffkonzentration im Grundwasser wird der Grundwasserkörper unter jeder Einzelfläche als homogene Mischzelle angesehen. Der Grundwasserabfluß wird den jeweiligen Vorflutern zugeordnet, indem die für Einzelflächen berechneten Wasser- und Stoffmengen auf Tagesbasis addiert werden. Auf diese Weise werden Wasser- und Stoffbilanzen für einzelne Vorfluter, bzw. Teilabschnitte als Zeitreihen abgespeichert. Es wird jeweils die zugeflossene Grundwassermenge, Oberflächenwassermenge und Stoffmenge ausgegeben. Für die Zukunft ist geplant, ein wesentlich differenzierteres Teilmodell zur Beschreibung der Grundwasserbewegung sowie des Transportes von im Grundwasser gelösten Stoffen (MATTHEß 1990) zu implementieren.

Um bei der modellhaften Berechnung von Wasser- und Stoffbilanzen für größere Gebiete (mehrere km^2) die Rechenzeiten abzukürzen, bietet das Modellsystem WASMOD&STOMOD die Möglichkeit an, eine Reihe von Einzelsimulationen inform von Tageswerten als Zeitreihe zu speichern. Dies bietet sich z.B. bei versiegelten Flächen an, bei denen lediglich die Abflußmenge, die einem Vorfluter zugeordnet wird, aufgrund der Flächengröße variiert. So können beispielsweise anstatt der häufig zahlreichen für einzelne versiegelte Flächen durchzuführenden Simulationsläufe, die gespeicherten Daten der Mustersimulation (bezogen auf 1 m^2) multipliziert mit der aktuellen Flächengröße ohne wesentlichen Genauigkeitsverlust übernommen werden. Dies bietet sich desweiteren bei anderen stark parzellierten Flächen mit weitgehend übereinstimmender Parameterkombination an (z.B. extensiv genutztes Feucht-Grünland, Waldflächen u. Ruderalflächen) .

4.2 Zusammenfassende Darstellung eines Modellablaufes

Bei der flächenhaften Modellanwendung werden zunächst Simulationsläufe für die sogenannten "Musterstandorte" (versiegelte Flächen etc.) durchgeführt, so daß bei der Bearbeitung von Flächen mit entsprechender Nutzung die Ergebnisse aus den "Musterdateien" übertragen werden können. Im Anschluß daran werden Simulationsläufe entsprechend des vorgegebenen Klimaszenario für jede Einzelfläche, deren Nutzung nicht denen der "Musterflächen" entspricht, durchgeführt. Die für die Simulation notwendigen Pflanzenfaktoren (Durchwurzelungstiefe, HAUDE-Faktor und Blattflächenindex) sowie die Stickstoffeinträge durch Düngung und die Kennzeichnung der Bearbeitungsmaßnahmen sind in separaten, nach der Nutzungsart differenzierten Einzeldateien abgespeichert. Diese werden entsprechend einer zur Kennzeichnung der Nutzung in der Parameterdatei abgespeicherten Code-Nummer aufgerufen.

Die Tabelle 8 verdeutlicht die vom Modellsystem angebotenen Ausgabemöglichkeiten. Umfaßt ein Simulationslauf viele Einzelflächen, so wird aus Speicherplatzgründen auf die Ausgabe von Zeitreihen, die die Fluß- und Zustandsgrößen einzelner Flächen kennzeichnen, verzichtet. In jedem Fall erfolgt eine Ausgabe der für den Simulationszeitraum berechneteten Gesamtbilanzen sowie des Endzustandes. Darüberhinaus werden die für Vorfluterteilabschnitte berechneten Wasser- und Stofffrachten als Tageswerte ausgegeben.

Es hat sich als praktikabel erwiesen, mehrjährige Simulationszeiträume in Jahresschritte aufzuteilen. Über eine einfach zu erstellende Kommando-Datei lassen sich beliebig viele Simulationsabläufe nacheinander aufrufen, so daß sich der Ablauf der Simulationen nach Aufruf dieser Datei völlig bedienungsfrei gestaltet.

Tab. 8: Ausgabemöglichkeiten des Modellsystems WASMOD&STOMOD

Liste der Ausgabemöglichkeiten

	Zeitreihen	Bilanzen
flächenbezogen	Zeitreihen zum Bodenwasserhaushalt als Tages- oder Wochenwerte Niederschlag, Interzeption, aktuelle Evapotranspiration, Speicheränderung, Sickerrate, Bodenwassergehalte der einzelnen Bodenkompartimente	Bilanzgrößen zum Bodenwasserhaushalt (Gesamtbilanz zum Abschluß des Simulationslaufs) Niederschag, Interzeption, aktuelle Evapotranspiration, Sickerrate, Speicheränderung, Grundwasserneubildungsrate
flächenbezogen	Zeitreihen zum Stickstoffhaushalt als Tages- oder Wochenwerte Stickstoffeintrag, Pflanzenaufnahme, Mineralisierung, Nitrifikation, Denitrifikation, NH4-Emission, Nitratversickerung, Gehalt an Gesamt-N, leicht mineralisierbarem Stickstoff, Nitrat und Ammonium in den einzelnen Bodenkompartimenten	Bilanzgrößen zum Stickstoffhaushalt (Gesamtbilanz zum Abschluß des Simulationslaufs) Stickstoffeintrag, Pflanzenaufnahme, Mineralisierung, Nitrifikation, Denitrifikation, NH4-Emission, Nitratversickerung
vorfluterbezogen	Zeitreihen zu Abflußmengen und Stofffrachten der Vorfluterteilabschnitte als Tageswerte Grundwasserzufluß, Oberflächenabfluß, Nitratfracht	

Die Ausgabe der Ergebnisdateien erfolgt im ASCII-Format. Sie können direkt in DBASE-Dateien eingelesen werden und stehen dann der graphischen oder statistischen Auswertung zur Verfügung. Die ASCII-Dateien lassen sich darüberhinaus anhand der Polygonnummern direkt über einen "Relate-Befehl" den im "Geographischen Informationssystem" ARC-INFO verwalteten Einzelflächen zuordnen, so daß eine kartographische Ausgabe der Ergebnisse sehr einfach zu handhaben ist.

4.3 Ableitung von flächenhaften Modellparametern

Die Entwicklung des vorgestellten Modellsystems fand unter der Zielsetzung statt, aufgrund der Beschränkung auf allgemein verfügbare Eingabeparameter , bzw. auf Eingabeparameter, die sich aus allgemein verfügbarem Datenmaterial ableiten lassen, einen flächenhaften Einsatz zu gewährleisten. So wurde beispielsweise bei der Berechnung der Evapotranspiration darauf verzichtet, Rechenverfahren zu implementieren, die Wind- oder Strahlungsterme beinhalten. Die im folgenden beschriebenen Verfahren zur Parameterableitung und Datenorganisation sind bei der flächenhaften Modellanwendung wichtige Teilmodule. Die Parameterdateien müssen so angelegt sein, daß ein bedienungsfreier Simulationsablauf für viele Einzelpunkte bzw. ganze Kartenblätter erfolgen kann. Es wurde darauf Wert gelegt, daß die Erstellung dieser Parameter- und Szenariodateien ebenfalls weitgehend automatisch ablaufen kann. Zum Starten eines Simulationslaufes ist das Vorhandensein der in Tabelle 9 genannten Dateien notwendig.

Während bei der Modellkalibrierung und -überprüfung weitgehend Meßdaten verwendet werden konnten, mußten für die flächenhafte Modellanwendung Ableitungsverfahren zur Festlegung der Parametervariablen entwickelt werden. Darüberhinaus wurde eine umfangreiche Fragebogenerhebung zur Erfassung der nutzungsbezogenen Eingansgrößen durchgeführt. Wegen des Mangels an Untersuchungsergebnissen zur Erfassung der potentiell mineralisierbaren Stickstoffmengen, konnten diesbezüglich nur wenig differenzierte Abschätzungen erfolgen.

Tab. 9: Parameterdateien des Modellsystems WASMOD&STOMOD

Bodendatei	: beinhaltet alle bodenphysikalischen und bodenchemischen Kennwerte für unterschiedliche vertikal angeordnete Kompartimente, sowie standortabhängige Angaben wie Flächengröße, Nutzungsvariante, Abstand zum Vorfluter,Hangneigung etc.
Bodenstickstoffdatei	: enthält für jedes Bodenkompartiment Anfangswerte für 4 unterschiedliche N-Formen 1. potentiell mineralisierbarer Anteil am N-Ges 2. N-Menge aus organischer Düngung 2. NH4-N
Klimadatei	: enthält auf Tagesbasis Meßwerte für Niederschlag Maximum-Temperatur, Minimum-Temperatur, Sättigungsdefizit und die als atmosphärische Deposition eingetragene N-Menge
Nutzungsdatei:	enthält Daten zur Beschreibung der tiefenabhängigen Durchwurzelungsintensität, des pflanzentypischen Verdunstungsfaktors, des Blattflächenindex, der N-Düngermenge, Düngervariante, N-Entzug durch Ernte und Bearbeitungsmaßnahmen

4.3.1 Erstellung einer Bodenparameter-Datei

Die einzulesenden Bodenparameter umfassen jeweils für 15 vertikal angeordnete Teilkompartimente die in Tabelle 10 zusammengestellten Teilinformationen.

Für die Beschreibung der für die jeweilige Fläche charakteristischen Angaben zur Kennzeichnung der Flächengröße, des Oberflächen- und Grundwasserabflusses, der Nutzung etc. stehen insgesamt 30 Variablen zur Verfügung. Handelt es sich um nominale Angaben, so werden diese in Zahlen-Codes übersetzt. Tabelle 11 gibt eine Übersicht über diese flächenbezogenen Informationen. Angesichts dieser großen Anzahl an standortbezogenen Eingabeparametern wurde es erforderlich, das Modellsystem WASMOD&STOMOD an eine Software-Umgebung anzupassen, die die Parameterfindung auf rationelle Art löst. Dabei mußten zum einen Methoden entwickelt werden, durch die die erforderlichen Informationen aus vorhandenen Daten abgeleitet werden können; zum anderen wurde insbesondere aufgrund der großen Datenmenge die Anbindung an ein "Geographisches Informationssystem" sowie an ein Datenbanksystem notwendig. Es mußte eine Reihe von Programmen entwickelt werden, durch die sich der Aufbau von Parameterdateien weitgehend automatisch gestalten läßt.

Tab. 10: Bodenbezogene Eingabeparameter

Bezeichnung	Einheit	Erläuterungen
Kompartimentnummer		durchlaufende Numerierung der Bodenkompartimente (1 - 15)
Kompartimenttiefe	cm	vertikaler Durchmesser der Einzelkompartimente
Geh. an org. Kohlenstoff	% d. TS	Meßwerte oder aus Bodenansprache abgeleitete Werte
Ton-Gehalt (< 2 μ)	% d. TS	Meßwerte oder aus Bodenansprache abgeleitete Werte
Schluffgehalt (< 63μ)	% d. TS	Meßwerte oder aus Bodenansprache abgeleitete Werte
Effektive Lagerungsdichte	cm3	Stechzylindermessungen oder aus Bodenansprache abgeleitete Werte
Kf-Wert	cm pro Tag	Labormessungen oder aus Bodenansprache abgeleitete Werte
Wassergehalt f. d. pF-Stufen 0,1.8,2.5 ,3.5 u. 4.2	Vol.%	Labormessungen oder aus Bodenansprache abgeleitete Werte
pH-Werte		Labormessungen oder Schätzwerte
Anfangsbodenfeuchten	Vol.%	Gravimetrie-Meßergebnisse Schätzwerte (z.B. Feldkapazität)

Tab. 11: Flächenbezogene Eingabeparameter

Bezeichnung	Einheit	Erläuterungen
Polygonnummer	Codenummer	ermöglicht den Bezug zu Einzelflächen der in ARC-INFO digital verwalteten Karten
Flächengröße	m^2	wird aus einer Arc-Info Datei übernommen
Höhe ü.N.N.d. Fl.schw.pkt.	in m	wird über vorhande Informationen zum Relief u. Gewässernetz ermittelt
Nutzung u.	Codenummer	wird ermittelt durch Kartierung,

Fortsetzung: Tab. 11

Bezeichnung	Einheit	Erläuterungen
Fruchtfolge		Luftbildauswertung u. Befragung
Vorfluter f. Grundwasser-. abfluß	Codenummer	wird über vorhandene Informationen zum Gewässernetz und zur Wasserleitfähigkeit abgeleitet
Entfernung z. Vorfluter(GA)	in m vom Fl.schw.pkt	wird über vorhandene Informationen z. Relief u. Gewässernetz ermittelt
Höhe ü.N.N.d. Vorfluter(GA)	m	wird über vorhandene Informationen z. Relief u. Gewässernetz ermittelt
Höhe ü.N.N.d. Vorfluter(OA)	in m	wird über vorhandene Informationen zum Relief u. Gewässernetz ermittelt
zugeordnete Nachbarfläche	Codenummer	bezeichnet die Nachbarfläche in die Oberflächenabfluß gelangt
Länge d. Ob.-abflußstrecke	in m	Bezug: entweder Schwpkt. d. Nachbarfläche oder zugeordneter Vorfluter
Vorfluter für Oberflächen-abfluß	Codenummer	wird über vorhandene Informationen zum Relief und zum Gewässernetz ermittelt
Entfernung z. Vorfluter(OA)	in m vom Flschwpkt.*	wird über vorhandene Informationen z. Relief u. Gewässernetz ermittelt
Gefälle f. Oberfl.Abfluß	in %	Bezug: entweder Schwpkt. d. Nachbarfläche oder zugeordneter Vorfluter
Abfluß-barriere	ja = 1 nein = 0	ja, wenn der Oberflächenabfluß durch e. linienhaftes Element unterbr. wird
Drän-Tiefe	in cm	Angabe nur, wenn Dränabfluß berechnet werden soll
Drän-Abstand	in cm	Angabe nur, wenn Dränabfluß berechnet werden soll
Drän-Durch-messer	in cm	Angabe nur, wenn Dränabfluß berechnet werden soll

* GA = Grundwasserabfluß OA = Oberflächenabfluß
Schwpkt. = Flächenschwerpunkt

4.3.2 Verwaltung und Bearbeitung flächenbezogener Daten mit dem "Geographischen Informationssystem" ARC INFO

Wie eingangs erwähnt, wurden die hier zu beschreibenden Arbeiten im Rahmen des Forschungsvorhabens "ERARBEITUNG UND ERPROBUNG EINER KONZEPTION FÜR DIE INTEGRIERTE REGIONALISIERENDE UMWELTBEOBACHTUNG AM BEISPIEL DES BUNDESLANDES SCHLESWIG-HOLSTEIN" durchgeführt. Ein wichtiges Hilfsmittel bei der Verwaltung und Bearbeitung flächenbezogener Daten stellt hier das Geographische Informationssystem ARC/INFO dar. Bei der gebietsbezogenen Weiterentwicklung des Modellsystems WASMOD&STOMOD, insbesondere bei der Festlegung "Kleinster Geometrien" sowie der nutzungs- und reliefbezogenen Parameterfindung, kam dieses Programmpaket vielseitig zur Anwendung. Darüber hinaus stellt ARC/INFO ein gutes Hilfsmittel bei der graphischen Darstellung von Simulationsergebnissen dar. An dieser Stelle soll auf eine ausführliche Beschreibung des Programmpaketes verzichtet werden (siehe JUNIUS 1988).

Hervorzuheben sind folgende Prinzipien:

- ARC/INFO besteht aus 2 Teilsystemen: das Teilsystem ARC beinhaltet unter Benutzung einer topologischen Datenstruktur alle geometrischen und graphischen Funktionen, während INFO als relationale Datenbank inhaltsbezogene Daten als Attribute verwaltet.

- Der Raumbezug wird durch die geometrischen Modellfiguren Punkt, Linie und Fläche hergestellt, welche in getrennten Dateien verwaltet werden.

- ARC/INFO bietet die Möglichkeit der Polygonverschneidung durch Überlagerung unterschiedlicher Geometrien. Dabei wird ein neues Raumbezugssystem aus den jeweiligen Ausgangsdateien erstellt. Dieneuen Attributdateien enthalten die Informationen beider Ausgangsdateien.

Für den Forschungsraum "BORNHÖVEDER SEENKETTE" wurden u.a. digitale Realnutzungskarten (Maßstab 1:5000, 15 Einzelblätter) unter Verwendung des GIS angelegt. Diese Karten wurden unter Zugrundelegung der Deutschen Grundkarten (DK5) anhand von Kartierungen sowie Luftbildinterpretationen angefertigt. Sie enthalten neben den Bezugsgeometrien, die durch die Nutzungsgrenzen festgelegt sind und den Nutzungskennziffern (Bezugsjahr=1988) zahlreiche Informationen zur Topologie, insbesondere zum Gewässer-, Knick- und Straßennetz (FRÄNZLE et al. 1988). Weiterhin wurden auf der Grundlage der vom Landesvermessungsamt zur Verfügung gestellten digitalen Höhendaten (Rasterweite 12.5 m) unter Zuhilfenahme von ARC/INFO-Prozeduren Hangneigungs- und Expositionskarten erstellt.

Zur Erstellung von Bodenkarten wurden die Bodenschätzungsdaten ausgewertet und die Klassengrenzen von den Schätzkarten (Maßstab 1:2000 bis 1:5000) in die Nutzungskarten übertragen.

Für die Anwendung des Modellsystems WASMOD&STOMOD ist es wichtig, daß die Festlegung der einzelnen in die Simulation eingehenden Teilflächen unter Berücksichtigung homogener Boden-,Nutzungs- und Reliefverhältnisse erfolgt. Durch das Verschneiden der drei genannten Karten ist diese Anforderung prinzipiell erfüllt. Allerdings ergeben sich dadurch Schwierigkeiten, daß die Überlagerung der Expositionskarte mit dem Verschneidungsprodukt aus Realnutzungs- und Bodenkarte zu einer häufig sehr hohen Anzahl von Teilflächen führt, so daß u.U. Flächenmindestgrößen festgelegt werden müssen.

Bei der Erstellung der der Polygonüberlagerung zugrundegelegten Expositionskarten wurde zwischen 5 Flächenklassen unterschieden (siehe Tabelle 12), wobei der Klasse 1 zusätzlich alle Flächen mit einer Größe von weniger als 1000 m^2 zugeordnet wurden.

Tab.12: Klassen zur Kennzeichnung von Gefälle und Exposition der Einzelflächen

Bezeichnung	Gefälle	Exposition
Klasse 1 *	< 2 %	alle Richtung.
Klasse 2	>= 2 %	Norden
Klasse 3	>= 2 %	Osten
Klasse 4	>= 2 %	Süden
Klasse 5	>= 2 %	Westen

(* + alle Flächen < 1000 m^2)

Die aus der Verschneidung resultierenden kleinsten Geometrien gleicher Attributausprägung stellen die den Simulationsrechnungen zugrundeliegenden Flächeneinheiten dar. Für den Aufbau einer Parameterdatei werden folgende im "GIS" abgespeicherten Informationen verarbeitet:

- Kennummer zur Bezeichnung der Flächennutzung
- Zuordnungsnummer zur Zuordnung eines Grabloches der Bodenschätzung
- Flächengröße
- Koordinaten des Flächenschwerpunktes
- Koordinaten aller Arcs (linienhafte Elemente) und Kennnummern
- Höhenraster (Koordinaten u. Höhenangaben, Rasterabstand=12.5m)

Diese Daten werden in 4 separaten ASCII-Dateien ausgelagert und entsprechend des in der Abbildung 39 dargestellten Ablaufschemas anhand von für diesen Zweck entwickelten Teilprogrammen ausgewertet. Dabei werden die folgenden für die Parameterfindung wichtigen Zuordnungs- bzw. Ableitungsprozeduren durchgeführt:

- Bestimmung der Höhe über NN einzelner Flächenschwerpunkte.

- Selektion aller Gewässergrenzen kennzeichnenden Arcs (linienhafter Elemente).

- Zuordnung der Höhe über NN für jeden Gewässerteilabschnitt.

- Verkettung der Gewässerteilabschnitte entsprechend des Gewässerverlaufes und Zuordnung einer Kennziffer für jedes Einzelgewässer.

- Abschätzung der mittleren Grundwassertiefe für jeden Flächenschwerpunkt unter Zugrundelegung des für die ungesättigte Zone abgeschätzten k_f-Wertes, der mittleren Grundwasserneubildungsrate, des Gefälles zu jedem Vorfluterteilabschnitt, sowie einer geschätzten Grundwasserzuflußrate. Dabei werden zunächst anhand einer Umformung der Gleichung zur Berechnung des Grundwasserabflusses (Kapitel 2) alle sich aus der Zuordnung zu den Vorfluterteilabschnitten ergebenden potentiell möglichen Grundwassertiefen berechnet und anschließend der niedrigste berechnete Grundwasserstand als der für den Flächenschwerpunkt mittlere angenommen. Die Kennziffer des dieser Grundwasserstandsberechnung zugeordneten Vorfluterteilabschnittes sowie die Entfernung und Höhendifferenz zwischen dem Flächenschwerpunkt und dem Teilabschnitt werden in der Parameterdatei abgespeichert.

- Zuordnung von Teilflächen und Vorfluterteilabschnitten entsprechend der Oberflächenabflußrichtung. Es wird zunächst der höchste Flächenschwerpunkt (F1) des Gebietes bestimmt; diesem wird die Nachbarfläche (F2) zugeordnet, zu deren Flächenschwerpunkt das Gefälle am größten ist. Anschließend wird überprüft, ob weitere Flächen nach F2 entwässern. Auf diese Weise werden die Kennziffern der Einzelflächen hierachisch entsprechend der Oberflächenabflußrichtung in der Parameterdatei angeordnet, bis die Verkettung mit einer abflußlosen Mulde, einem Vorfluterteilabschnitt oder der Grenze des zu berechnenden Gebietes abschließt. Die Prozedur wird wiederholt, bis allen Flächen mit Gefälle zur Nachbarfläche von mindestens 2 Prozent die entsprechende Kennzahl der Nachbarfläche oder des angrenzenden Vorfluters zugeordnet wurde. Damit ist die Anordnung der Parameterdatei, bzw. die Reihenfolge des Simulationslaufes festgelegt.

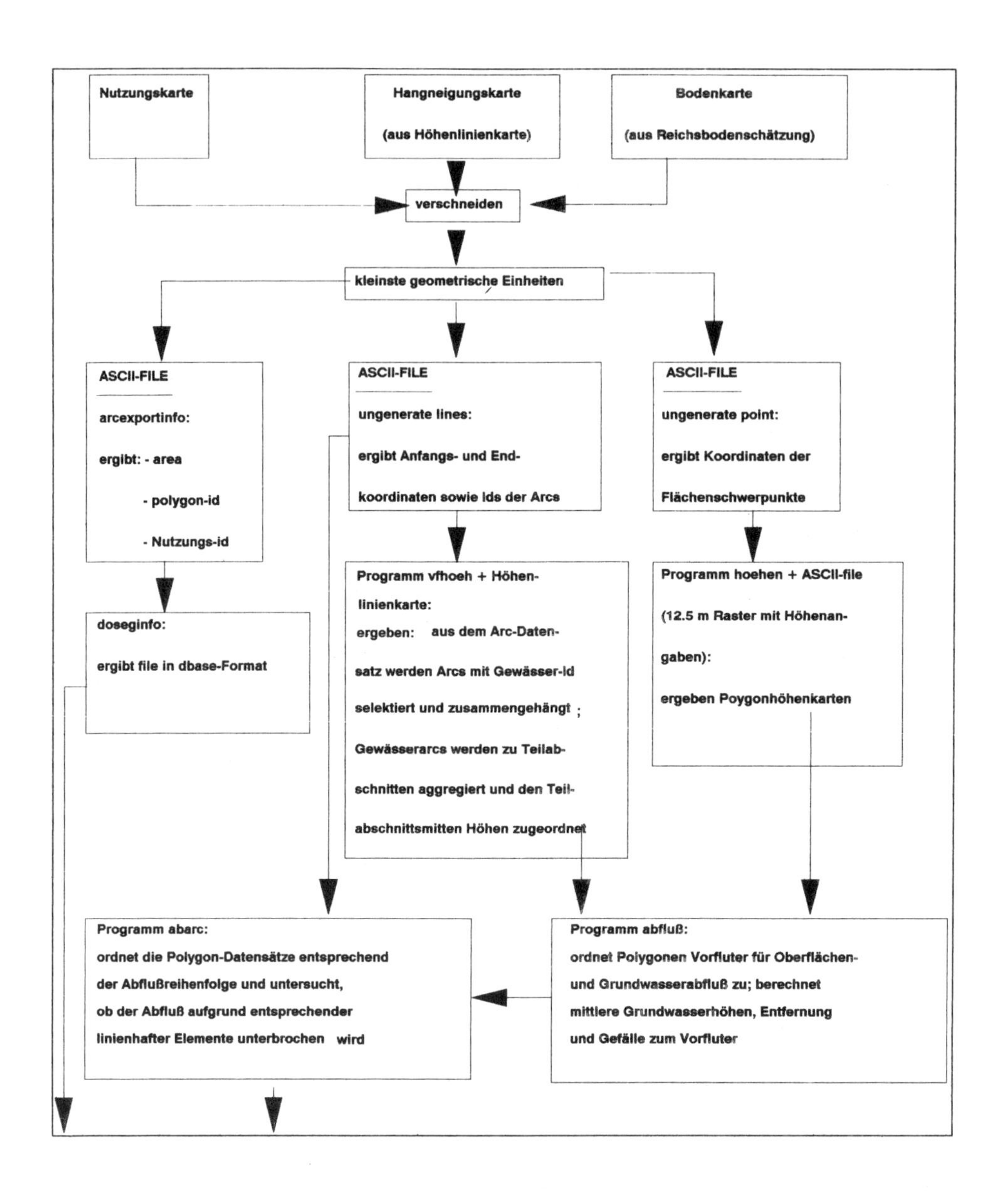

Abb.39: Ablaufschema zur Erstellung einer Modell-Parameterdatei

Fortsetzung: Abb. 39

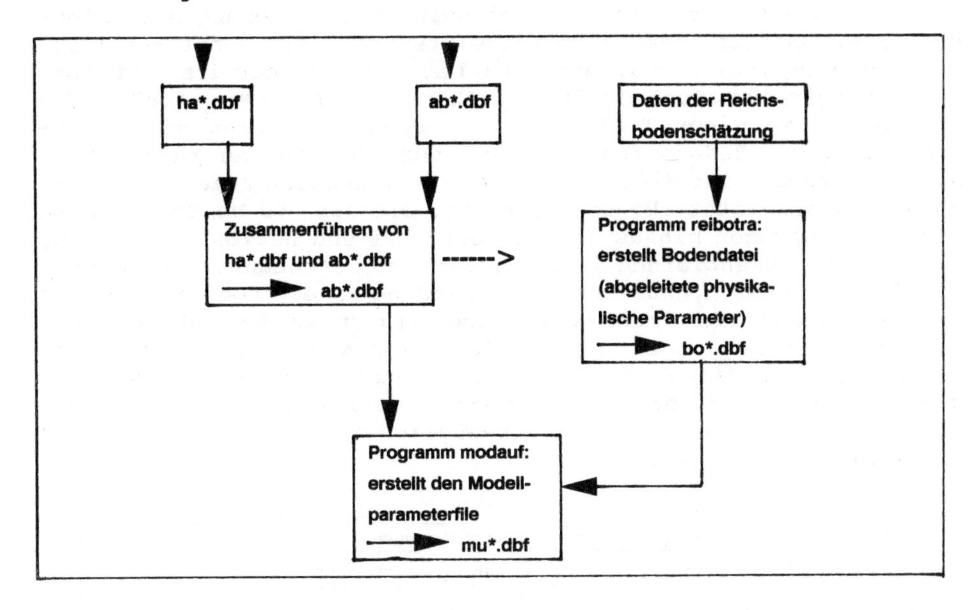

- Überprüfung, ob der Oberflächenabfluß durch flächenbegrenzende Arcs unterbrochen wird: Es wird jeweils die Teillinie untersucht, die zwischen den Flächenschwerpunkten liegt. Wird diese anhand einer Attributvariablen als abflußunterbrechend identifiziert, so wird dies durch die Kennziffer Null in einem Variablenfeld festgehalten.

Im Anschluß an dieses Auswertungsverfahren der im "GIS" verwaltetenInformationsebenen werden die erstellten Parameterdateien den aus der Auswertung der Bodenschätzung hervorgegangen Daten zugeordnet.

In der Abbildung 39 werden die einzelnen Arbeitsschritte dargestellt, die zur Erstellung einer Parameterdatei notwendig sind. Die Durchführung der einzelnen Prozeduren erfolgt anhand verschiedener aufeinander aufbauender Programme. Dabei werden die unterschiedlichen Daten zunächst in Einzeldateien (diese werden durch "*" gekennzeichnet) aus dem "Geographischen Informationssystem" exportiert und anschließend durch Auswertungsprogramme zur Parameterdatei aggregiert.

4.3.3 Auswertung von Daten der Bodenschätzung

Die Durchführung von Simulationsrechnungen ist nur unter Zugrundelegung einer standortbezogenen Bodenaufnahme realisierbar. Sollen Gebietsberechnungen durchgeführt werden, so müssen die genannten bodenphysikalischen Parameter mindestens auf der Ebene der Einzelparzelle bekannt sein. Die Forderung nach einer parzellenscharfen, sämtliche landwirtschaftliche Nutzflächen abdeckenden Informationsdichte erfüllen zur Zeit nur die Profilbeschreibungen der Bodenschätzung (BENNE & HEINICKE, 1987). Sie bieten bis zu einer Tiefe von 1 m unter Flur eine genaue Beschreibung des Bodenaufbaus. Durch mehr oder weniger regelmäßige Nachschätzungen ist die Aktualität dieser Angaben zumeist hinreichend gewährleistet. Um sie auch über die hier zu beschreibenden Modellanwendungen hinaus leicht verfügbar und nutzbar zu machen, ist eine Implementierung in ein digitales Datenbanksystem erforderlich, darüber hinaus ist die Anbindung an ein "Geographisches Informationssystem" zur Verwaltung digitaler Bodendaten sehr hilfreich. Während im Bundesland Niedersachsen die EDV-technische Nutzbarmachung dieser überaus umfangreichen Informationsebenen schon relativ weit fortgeschritten ist (OELKERS et al.1983; HEINICKE et al. 1987), liegen diesbezüglich für SCHLESWIG-HOLSTEIN nur wenige Erfahrungen vor.

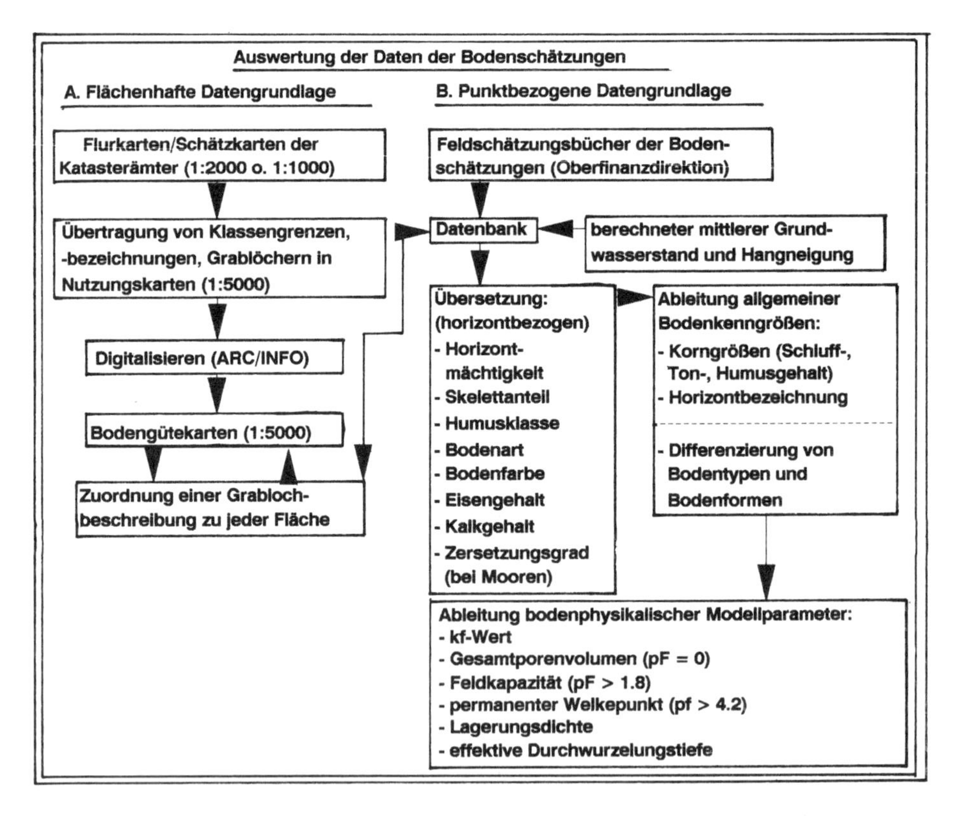

Abb. 40: Schema zur Auswertung der Bodenschätzungsdaten

Auf der Grundlage des von CORDSEN (1989) ausgearbeiteten Verfahrens (CORDSEN 1989) und angelehnt an die vom GEOLOGISCHEN LANDESAMT NIEDERSACHSEN durchgeführten Arbeiten (FLEISCHMANN et al.1979) wurde ein Computerprogrammpaket entwickelt, welches die "Grablochbeschreibungen", wie sie in den Feldschätzungsbüchern der Bodenschätzung vorliegen, in das Vokabular der wissenschaftlichen Bodenkunde übersetzt sowie wichtige bodenphysikalische Kenngrößen ableitet. An dieser Stelle muß betont werden, daß von erheblichen regionalen Bedeutungsunterschieden der von den Bodenschätzern verwendeten Bezeichnungen auszugehen ist, so daß Übersetzungsprogramme jeweils für einzelne Naturräume anzupassen sind.
Das hier entwickelte Verfahren kombiniert die in einer Datenbank (DBASE) vollständig übertragenen Originalschätzdaten mit Reliefinformationen, die im "Geographischen Informationssystem" ARC-INFO verwaltet werden. Das im folgenden beschriebene Verfahren wurde im Rahmen dieser Arbeit für das Gebiet "BORNHÖVEDER SEENKETTE" auf einer Gesamtfläche von 60 km² (15 Deutsche Grundkarten Maßstab 1:5000) angewendet.

Wie in Abbildung 40 dargestellt wird, müssen die Informationen zunächst aus den Feldschätzungsbüchern bzw. aus dem vorliegenden Kartenmaterial in geeigneter Form übertragen werden. Als Übertragungsgrundlage der Flächendaten (Grenzen der Sonderflächen, der Klassenabschnitte, der Klassenflächen, der Tagesabschnitte und der Schätzungsabschnitte) sowie des Klassenzeichens, der Profilpositionen und Grablochnummern dienten die im Maßstab 1:5000 vorliegenden Realnutzungskarten. Wie in dem Kapitel 4.3.2 ausgeführt, wurden diese im Rahmen des Forschungsvorhabens "UMWELTBEOBACHTUNG SCHLESWIG-HOLSTEIN" auf der Grundlage der Deutschen Grundkarte unter Verwendung von Nutzungskartierungen und Luftbildauswertungen erstellt und standen bereits in digitaler Form zur Verfügung.

Liegen mehrere Profilpositionen innerhalb einer Klassengrenze, so werden entsprechend der Reliefverhältnisse zusätzliche Flächenunterteilungen durchgeführt. Anhand der Grablochnummer und des angegebenen Tagesabschnittes ist eine eindeutige Zuordnung zu den Profilbeschreibungen gegeben. Diese werden im vollen Umfang und ohne inhaltliche Veränderung von den Feldschätzungsbüchern, die von der Oberfinanzdirektion des Landes Schleswig-Holstein in Form von Kopien zur Verfügung gestellt wurden, in Dateien des Datenbanksystems DBASE übertragen. Es erfolgt eine Ergänzung des Datensatzes durch Angaben zur Hangneigung und zum Grundwasserflurabstand (siehe Kapitel 2). Die wesentliche Grundlage bei der Übersetzung der Schätzdaten bilden die "horizontkennzeichnenden Merkmale " (Fleischmann 1979).

Hier werden Aussagen zur Horizontmächtigkeit, Bodenfarbe,

Humusgehalt, Eisenausfällungen, Kalkgehalt, Bodenfeuchte, Lagerungsdichte, Zersetzungsgrad von Torfen, Grobbodenanteil und Feinbodenanteil gemacht, wobei die Bezeichnungen stark von den heute gebräuchlichen und in der BODENKUNDLICHEN KARTIERANLEITUNG (ARBEITSGRUPPE BODENKUNDE 1982) festgelegten abweichen.

Tab. 13: Beispiel für die Übersetzung der Reichsbodenschätzung

	1. Horizont	2. Horizont	3. Horizont
Urdaten			
horizontbeschreibende Merkmale	h l' S 2,0	h'' l S 2,5	s- L
Klassenzeichen:	l S 3 D (gilt für die ges. Fläche)		
übersetzte Daten			
Horizontmächtigkeit:	20 cm	25 cm	55 cm
Substrat :	Sl2	Sl3	Ls4
Humusstufe :	h3	h1	-
Horizontbez.:	Ap	Al-Bt	Bt
Bodentyp:	.....	Parabraunerde	.....
abgeleitete Kenngrößen			
C.org-Gehalt	3,0 %	0,5 %	-
Tongehalt	6,5 %	10,0 %	21,0 %
Schluffgehalt	15,0 %	23,5 %	21,5 %
Volumengewicht	1,3 %	1,5 %	1,5 %
K_f-Wert	200 cm/d	70 cm/d	40 cm

Die einzelnen Übersetzungsschritte werden in Abbildung 40 aufgezeigt. Die Ableitung von Horizontbezeichnungen und Bodentypenangaben erfolgt ebenfalls in Anlehnung an die BODENKUNDLICHE KARTIERANLEITUNG unter Einbeziehung des Übersetzungsschlüssels von FLEISCHMANN (1979) bzw. seiner Weiterentwicklung durch CORDSEN (1989). Zusätzliche, im "Geographischen Informationssystem" ARC- INFO verwaltete Daten zum Relief und zum Grundwasserflurabstand werden insbesondere zur Unterscheidung zwischen Gleyböden und Pseudogleyböden sowie zur besseren Identifizierung von kolluvierten Böden und Kolluvien herangezogen.

Weiterhin werden über Ableitungsprogramme folgende Parameter abgeschätzt: Volumengewicht, potentielle Durchwurzelung, gesättigte Leitfähigkeit, Wassergehalt bei den PF-Stufen 0, 1.8, 4.2. Hierbei bilden die in der BODENKUNDLICHEN KARTIERANLEITUNG (ARBEITSGRUPPE BODENKUNDE 1982) zusammenngestellten Schätztabellen die Ableitungsgrundlage.

Tab. 14: Berücksichtigte Bodentypen und Bodenarten bei der Auswertung der Reichsbodenschätzung

<table>
<tr><td colspan="6">Auswertung der Reichsbodenschätzung</td></tr>
<tr><td colspan="6">Berücksichtigte Bodentypen</td></tr>
<tr><td colspan="4">Reine Typen</td><td colspan="2">Mischtypen</td></tr>
<tr><td colspan="4">Gley</td><td colspan="2">Braunerde-Gley
Parabraunerde-Gley
Podsol-Gley
Anmoor-Gley
Niedermoor-Gley</td></tr>
<tr><td colspan="4">Pseudogley</td><td colspan="2">Braunerde-Pseudogley
Parabraunerde-Pseudogley
Podsol-Pseudogley</td></tr>
<tr><td colspan="4">Braunerde</td><td colspan="2">Parabraunerde-Braunerde
Podsol-Braunerde
Gley-Braunerde</td></tr>
<tr><td colspan="4">Parabraunerde</td><td colspan="2">Pseudogley-Parabraunerde
Gley-Parabraunerde
Podsol-Parabraunerde</td></tr>
<tr><td colspan="4">Podsol</td><td colspan="2">Eisenpodsol
Humuspodsol</td></tr>
<tr><td colspan="4">Kolluvium</td><td colspan="2">kolluvierte Braunerde
kolluvierte Parabraunerde
kolluvierter Podsol</td></tr>
<tr><td colspan="6">Berücksichtigte Bodenarten</td></tr>
<tr><td colspan="3">Grobböden</td><td colspan="3">Feinböden o. Marsch</td></tr>
<tr><td>Steine</td><td>Kies</td><td>Grus</td><td>Sand</td><td>Schluff</td><td>Ton</td></tr>
<tr><td>X
x1
x2
x3
x4
x5</td><td>G
g2
g3
g4
g5</td><td>Gr
gr2
gr3
gr4
gr5</td><td>gS mS fS
mSfs
fSms
gSl2
Sl2 Sl3 Sl4
Slu Su2 Su3</td><td>Ls3 Ls4
Lts Lt3
Us3 Ul2</td><td>Tu2
Tu3
Tu4</td></tr>
</table>

Während die Übersetzung der Urdaten in konventionelle bodenkundliche Angaben für jeden Horizont einzeln ablaufen kann, müssen bei den Ableitungsprozeduren die Horizontkennzeichen in Kombination ausgewertet werden. Übersetzungs- und Ableitungsprogramme laufen für beliebig viele Bodenprofile nacheinander nach Aufruf des Programms "REIBOTRA" und Angabe der Datei automatisch ab. Die Ergebnisse werden in einer Datenbank-Datei gespeichert. Sie stehen auch unabhängig von der Modellanwendung für unterschiedliche Fragestellungen der Standortbewertung Anwendern zur Verfügung

Nach Transformation in das "Geographische Informationssystem" ist die kartographische Ausgabe der unterschiedlichen Informationsklassen möglich. So können beispielsweise Bodentypenkarten, Bodenartenkarten und Karten zum Wasserspeichervermögen der Böden hergestellt werden.

Tabelle 14 beinhaltet die in dem entwickelten Übersetzungs- und Ableitungsprogrammen berücksichtigten Bodenarten und Bodentypen. Bei der digitalen Auswertung wird berücksichtigt, daß Böden sehr häufig als Typenkombination (z.B. Braunerde-Gley) angesprochen werden müssen. Das entwickelte Programmsystem zur Übersetzung und Auswertung von Bodenschätzungsdaten ist auf Personal-Computern lauffähig. Es hat einen direkten Zugriff zum Datenbanksystem DBASE bzw. CLIPPER. Um das vorgestellte Verfahren auf Böden anderer Naturräume (z.B. Marschböden) zu übertragen, sind die die Horizontansprache betreffenden Ableitungsregeln und Übersetzungsregeln auf den entsprechenden Naturraum zu eichen.

4.3.4 Daten zur Kennzeichnung des Klimaverlaufes

Die gewählten Rechenverfahren beschränken sich auf Daten, die der Deutsche Wetterdienst für viele Meßstationen täglich erhebt. Folgende Daten werden in Form von Tageswerten der jeweils nächstgelegenen Station des Deutschen Wetterdienstes in Datenbank-Dateien gespeichert:

- Niederschlag (mm)

- Lufttemperatur 14 Uhr (°C)

- Minimum-Temperatur (°C)

- Sättigungsdefizit (mm Hg)

Ein nur ansatzweise zu lösendes Problem ergibt sich aus dem Mangel an Angaben zur Niederschlagsintensität. Diese sind eine wichtige Voraussetzung zur realistischen Abschätzung der Oberflächenabflußrate. In vielen Fällen würde mit dem beschriebenen Verfahren trotz hoher Niederschlagsmengen im Widerspruch zu Freilandbeobachtungen kein Oberflächenabfluß berechnet, wenn man die Tagesniederschlagssumme über alle Zeitschritte eines Tages gleichmäßig verteilt. Aus diesem Grunde wird anhand der Wetterdaten hinsichtlich der Aufteilung der Tagesniederschlagssumme auf einzelne Rechenschritte zwischen 3 Niederschlagstypen unterschieden :

Kaltfrontwetterlage: Der Niederschlag verteilt sich auf zeitlich nicht aufeinanderfolgende Zeitschritte, die in der Summe einen Zeitraum von 4 Stunden ausmachen.

Warmfrontwetterlage: Der Niederschlag verteilt sich auf zeitlich aufeinanderfolgende Zeitschritte, die in der Summe einen Zeitraum von 8 Stunden ausmachen

Gewitterwetterlage: Der Niederschlag verteilt sich auf zeitlich aufeinanderfolgende Zeitschritte, die in der Summe einen Zeitraum von einer Stunde ausmachen

Bei den in den Folgeabschnitten beschriebenen Modellrechnungen lagen Wetter-Datensätze von 5 unterschiedlichen Stationen des Deutschen Wetterdienstes für die Jahre 1987, 1988 und 1989 vor. Darüber hinaus wurden entsprechende Daten der Station Eutin für die Jahre 1983 bis 1986 eingesetzt. Die Datensätze werden als DBASE-Dateien verwaltet und können durch ein Transformationsprogramm (KLIMTRAN) automatisch zu einer Szenariodatei zusammengestellt werden.

Die Szenariodatei umfaßt folgende Variable:

Nummer des Tages:	vom 1- 365 (366)
Wochennummer :	ermöglicht den Bezug zur Nutzungsdatei
Tagesniederschlagssumme:	in mm
Lufttemperatur :	14 Uhr (°C)
Minimum-Lufttemperatur:	C°
Sättigungsdefizit:	14 Uhr (mm Hg)
Stoffeintrag :	Tagessumme der Gesamtdeposition eines Stoffes (g/m^2)

4.3.5 Erhebung und Ableitung vegetationsbezogener Modellparameter

Die Vegetationsdecke und landwirtschaftliche Bearbeitungsmaßnahmen stellen wesentliche Einflußfaktoren hinsichtlich der Wasser- und Stoffdynamik terrestrischer Ökosysteme dar.

Tabelle 15: Pflanzen- und nutzungsbezogene Kenngrößen

Bezeichnung	Einheit	Erläuterungen
Durchwurzelungstiefe	cm unter Flur	zur Berechnung der relativen Wurzelverteilung
HAUDE-Faktoren		zur Berechnung der potentiellen Evapotranspiration
Blattflächenindex	cm^2/cm^2	zur Berechnung des Interzeptionsverlustes
N-Eintrag d. Düngung	in kg/ha	ermittelt durch eine Fragebogenerhebung
Düngerart	org. N NH4, NO3	ermittelt durch eine Fragebogenerhebung
Bearbeitungsmaßnahme	Kennziffer z.B.:Ernte	ermittelt durch eine Fragebogenerhebung

Ihre Berücksichtigung in dynamischen Modellsystemen kann prinzipiell auf 2 unterschiedlichen Wegen realisisert werden, entweder durch direkte Anbindung eines Pflanzen- und Produktionsmodells oder durch die Verwendung vorgegebener pflanzen- und nutzungsbezogener Faktoren.

Für das Modellsystem WASMOD&STOMOD wurde aus Praktikabilitätsgründen der zweite Weg gewählt. Die in der Tabelle 15 genannten Variablen zur Kennzeichnung der Durchwurzelungstiefe, des HAUDE-Faktors, des Blattflächenindexes sowie des Stickstoffdüngereintrags und der landwirtschaftlichen Bearbeitungsmaßnahmen werden in jeweils für einzelne Kulturarten und Nutzungsvarianten separaten Dateien verwaltet. Diese Dateien setzen sich aus jeweils 24 Datensätzen zusammen, so daß die genannten Kenngrößen für 15 Simulationstage gelten.

Insgesamt stehen zur Zeit ca. 25 solcher jeweils einen Nutzungstyp charakterisierenden Einzeldateien zur Verfügung, wobei für eine Reihe von Anbaufrüchten mehrere Bewirtschaftungsvarianten, entsprechend der Ergebnisse einer umfangreichen Fragebogenerhebung berücksichtigt werden. Feldbestimmungen bezüglich der für die Entwicklungsstadien einzelner Pflanzenarten spezifischen Durchwurzelungs-, Blattflächen- und HAUDE-Faktoren konnten im Rahmen dieser Arbeit nicht durchgeführt werden, so daß Abweichungen von den in der Literatur angegebenen Werten in Kauf genommen werden müssen. Teilweise mußten aus Datenmangel grobe Schätzwerte eingesetzt werden.

4.3.5.1 Relative Wurzelverteilung und Durchwurzelungstiefe

Die in Abhängigkeit vom Entwicklungsstadium einzelner Kulturarten zu beschreibenden Durchwurzelungstiefen bestimmen die Verteilung des Transpirationspotentials auf einzelne Bodenkompartimente und wirken sich erheblich auf die Höhe der berechneten Wasser- und Stoffentzüge aus.

Das Modellsystem WASMOD&STOMOD berechnet die relative Wurzelverteilung anhand der angegebenen Durchwurzelungstiefe, wobei vereinfachend festgelegt wird, daß 66,6 % der Gesamtwurzelmasse im oberen Drittel der durchwurzelten Bodenzone, 22,2 % im mittleren Drittel und 11.1 Prozent im unteren Drittel gebildet werden. KOEHNLEIN & KNAUER (1958) stellen bei der Untersuchung der Wurzelmassenverteilung von Weizen in holsteinischen Lehmböden fest, daß sich 91.2 % der bis zu einer Tiefe von 45 cm untersuchten Gesamtwurzelmasse in der obersten Bodenschicht bis 22.5 cm befinden.

Tab. 16: Wurzeltiefen unterschiedlicher Kulturarten

Kulturart	Wurzeltiefe
Winterroggen	75 cm
Winterweizen	78 cm
Hafer	75 cm
Wintergerste	74 cm
Mais	50 cm
Sommergerste	72 cm
Grünland	50 cm

HARRACH & KUNZMANN (1982) beschreiben die Durchwurzelungstiefen und die Wurzelmassenverteilung der Bodenschichten 0-100cm für Grünlandstandorte in Abhängigkeit von der ökologischen Feuchtestufe. Sie stellen für mäßig feuchte bzw. feuchte Standorte Durchwurzelungstiefen von 90-100 cm fest. Die Wurzelmassenverteilung entspricht in etwa der durch das Modell beschriebenen. Die in Tabelle 16 aufgeführten Durchwurzelungstiefen sind Angaben von BROWER (1972), KÖNECKE (1967), HARRACH & KUNZMANN (1982) entnommen. KÖNECKE (1967) unterscheidet die Hauptdurchwurzelungszone (20 - 40 cm), eine "weite" Durchwurzelungszone und eine maximale Durchwurzelungstiefe, bis zu der noch Einzelwurzelfasern gefunden werden. Die hier verwendeten Werte entsprechen der zweiten Kategorie.

4.3.5.2 Pflanzenfaktoren zur Abschätzung der potentiellen Evapotranspiration nach HAUDE

Die in Kapitel 2 beschriebene HAUDE-Formel dient bei Einsetzen der von HAUDE (1954) ermittelten Faktoren der Bestimmung der potentiellen Evapotranspiration eines unbewachsenen Bodens bei einem konstanten Grundwasserstand von 40 cm unter Flur.

Um die HAUDE-Formel als allgemein anwendbares Verfahren zur Abschätzung der potentiellen Evapotranspiration für Modellrechnungen einsetzen zu können, ist die Verwendung von Faktoren notwendig, die die Abhängigkeit der Transpiration von der Vegetationsart und ihres durch die phänologischen Phasen vorgegebenden Entwicklungszustandes beschreiben.

Tab. 17: Originalfaktoren (n. HAUDE 1954) zur Bestimmung einer potentiellen Evapotranspiration

Monat	Okt.	Nov.-Feb.	März	April	Mai	Juni	Juli	Aug.	Sept.
H. -Fakt.	0,29	0,27	0,28	0,39	0,39	0,37	0,35	0,33	0,31

* Angaben in mm/mm H.-Faktor = HAUDE-Faktor

Verschiedene Autoren (HEGER & BUCHWALD 1980; SPONAGEL 1980; ERNSTBERGER 1987) haben auf der Grundlage von Verdunstungsmessungen bzw. Wasserbilanzberechnungen Faktoren zur Berechnung der potentiellen pflanzenspezifischen Evapotranspiration bestimmt. Während in den früheren Ansätzen (HEGER & BUCHWALD 1980; SPONAGEL 1980; SOKOLLEK 1983) die einzelnen Faktoren in starren Zeitschranken (Monate) angegeben wurden, ordnet ERNSTBERGER (1987) die Pflanzenkoeffizienten einzelnen phänologischen Phasen zu und erreicht ein höheres Differenzierungsniveau, indem er Standortfaktoren (Nordhang, Südhang) sowie Bewirtschaftungsmaßnahmen (Mahd, Ernte, Aussaat etc.) berücksichtigt. Da zur Zeit die modellhafte Bestimmung (z.B. anhand von Temperatursummenfunktionen) des phänologischen Ablaufes einzelner Pflanzenarten im Modellsystem WASMOD&STOMOD noch nicht zur Verfügung steht, sind die Pflanzenfaktoren bei der Erstellung von Parameterdateien mit Zeitbezug anzugeben.

Tab. 18: Pflanzenfaktoren zur Berechnung der potentiellen Evapotranspiration nach HAUDE (zusammengestellt nach verschiedenen Autoren)

	Januar	Febr.	März	April	Mai	Juni	Juli	Aug.	Sept.	Okt.	Nov.	Dez.
Hafer	0,15	0,15	0,15	0,2	0,45	0,59	0,6	0,4	0,25	0,15	0,15	0,15
Wi.Gerste	0,15	0,15	0,23	0,27	0,48	0,52	0,4	0,3	0,2	0,15	0,15	0,15
S.Gerste	0,15	0,15	0,15	0,31	0,51	0,51	0,45	0,29	0,15	0,15	0,15	0,15
Wi.Weizen	0,15	0,15	0,23	0,31	0,43	0,63	0,55	0,4	0,2	0,15	0,15	0,15
Wi.Roggen	0,15	0,15	0,23	0,31	0,4	0,48	0,48	0,36	0,2	0,15	0,15	0,15
Wi.Raps	0,24	0,24	0,24	0,39	0,65	0,55	0,37	0,36	0,2	0,24	0,24	0,24
Mais	0,15	0,15	0,15	0,2	0,25	0,28	0,33	0,39	0,35	0,15	0,15	0,15
Z.Rüben	0,15	0,15	0,15	0,2	0,27	0,28	0,33	0,39	0,35	0,15	0,15	0,15
Gras	0,24	0,24	0,24	0,39	0,44	0,44	0,43	0,37	0,33	0,24	0,24	0,24
Gras feu.	0,27	0,27	0,27	0,4	0,4	0,53	0,53	0,47	0,27	0,27	0,27	0,27
Fichte j.	0,01	0,01	0,05	0,23	0,28	0,3	0,33	0,28	0,25	0,1	0,01	0,01
Fichte a.	0,01	0,01	0,05	0,23	0,28	0,35	0,38	0,33	0,25	0,1	0,01	0,01
Laubw. a.	0,01	0,01	0,01	0,1	0,3	0,33	0,35	0,33	0,3	0,2	0,01	0,01
Wasserfl.	0,29	0,29	0,29	0,35	0,35	0,35	0,35	0,35	0,35	0,29	0,29	0,29
versieg.	0,29	0,29	0,29	0,4	0,44	0,44	0,44	0,4	0,4	0,29	0,29	0,29

4.3.5.3 Blattflächenindizes unterschiedlicher Kulturarten zur Abschätzung des Interzeptionsverlustes

Der im Jahresverlauf durch eine hohe Variabilität gekennzeichnete Blattflächenindex einzelner Pflanzenbestände dient im Modellsystem WASMOD&STOMOD zur Abschätzung des Interzeptionsverlustes (vgl. Kap. 2). HOYNINGEN-HUENE (1983) stellt die Blattflächenindizes verschiedener Kulturarten anhand von eigenen Messungen und Literaturdaten (SOMMER & BRAMM 1978, KLAPP 1967) zusammen. Es wird deutlich, daß die Blattflächenindizes von Winterweizen und Mais in etwa das gleiche Maximum erreichen, dieses aber zeitlich verschoben auftritt.

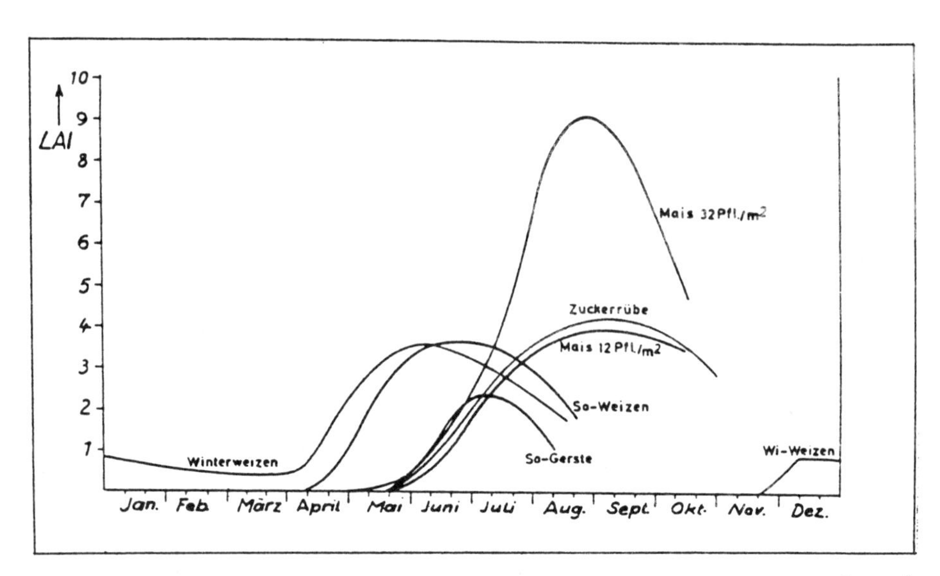

Abb. 41: Blattflächenindizes unterschiedlicher Kulturarten in Abhängigkeit von der Jahreszeit

Tab. 19: Blattflächenindizes einzelner Kulturarten (cm²/cm²)

Kultur	Jan	Feb	Mar	Apr	Mai	Jun	Jul	Aug	Sep	Okt	Nov	Dez
W.-Weizen	0.7	0.5	0.4	1.1	3.3	3.6	3.6	4.4	0.0	0.0	0.5	1.0
S.-Gerste	0.0	0.0	0.0	0.0	0.5	1.3	2.5	2.0	0.0	0.0	0.0	0.0
Mais	0.0	0.0	0.0	0.0	0.0	1-2	2-3	3-4	4.0	3.6	0.0	0.0
Z.-Rüben	0.0	0.0	0.0	0.0	0.5	1-2	2-3	3-4	4.0	3-4	3.0	0.0
Raps	1.5	1.5	1.8	2.5	2.9	3.0	2.8	0.0	0.2	0.7	1.3	1.5
W.-Gerste	0.7	0.5	0.4	1.1	2.9	3.0	2.8	0.0	0.2	0.7	1.3	1.0
Roggen	0.7	0.5	0.4	1.1	2.9	3.0	3.0	0.0	0.2	0.7	1.3	1.0

Diese Angaben wurden mit Schätzwerten für weitere Kulturarten ergänzt, so daß die jahreszeitliche Variabilität der Blattflächenindizes wie in Tabelle 19 zusammengestellt, in die Modellrechnungen mit eingeht.

4.4 Ermittlung der Düngereinträge und Bearbeitungsmaßnahmen durch eine Fragebogenerhebung

Bei der Berechnung des Stickstoffhaushaltes landwirtschaftlich genutzter Standorte ist die genaue Erfassung der Stickstoffeinträge durch Düngung eine wichtige Voraussetzung für die Validität der Modellergebnisse. Bei der Erstellung von Stickstoffbilanzen für größere Gebiete (mehrere km²) reicht es nicht aus, bezogen auf einzelne Kulturarten gemittelte Düngereinträge bzw. Schätzwerte, entnommen aus Statistiken oder Empfehlungstabellen, einzusetzen, denn gerade die unterschiedlichen Düngermengen und Ausbringungsvarianten haben entscheidenden Einfluß auf die Höhe der Auswaschungsverluste.

Für den Raum BORNHÖVEDER SEENKETTE wurde eine Fragebogenerhebung durchgeführt, durch welche Stoffeinträge und Bearbeitungsmaßnahmen flächenbezogen in sehr detaillierter Weise für das Wirtschaftsjahr 1987/88 erfaßt wurden. Von den ca. 100 im betrachteten Raum ansässigen Betriebsleitern nahmen 63 an dieser Befragung teil.

Im betriebsbezogenen Teil des Fragebogens wurden Informationen zur Flächenstruktur, zur Betriebsstruktur, zum Nutzviehbestand, zum Maschinenbesatz und zur Standardfruchtfolge befragt. Neben der betriebsstrukturellen Einordnung wurde hierdurch die Berechnung des insgesamt anfallenden Wirtschaftsdüngers ermöglicht. Es wurden die Handelsnamen der seit Beginn des Einsatzes chemischer Pflanzenschutzmittel verwandten Biozide und die ihnen zugeordneten Kulturarten erfragt. In der Form einer Schlagkartei waren für das Bezugs-Wirtschaftsjahr (1987/88) alle erfolgten Bewirtschaftungsmaßnahmen sowie ausgebrachte Dünger- und Pflanzenschutzmittelmengen in differenzierter Form mit Datumsnennung anzugeben.

Nach einer Erprobungsphase wurden Fragebögen an die im Raum BORNHÖVEDER SEENKETTE ansässigen Betriebsleiter von studentischen Hilfskräften ausgegeben. Die Landwirte wurden beim Ausfüllen des umfangreichen Fragebogens durch die Interviewer unterstützt. Als Gegenleistung wurde den Landwirten eine Gratis- Bodenuntersuchung (nach LUFA-Verfahren) angeboten.

4.4.1 Ergebnisse der Fragebogenerhebung

Der Auswertung standen die Angaben von insgesamt 62 Betrieben zur Verfügung, wodurch ein Anteil von ca. 60 Prozent der gesamten landwirtschaftlichen Nutzfläche des betrachteten Raumes repräsentiert wird. Die Anzahl an schlagbezogenen Erhebungsbögen beträgt 600. Die Präzision der einzelnen Angaben ist unterschiedlich zu bewerten; während die allgemeinen Betriebsdaten (Betriebsgröße, Anzahl der Nutztiere etc.) als exakt angesehen werden können, konnten zu dem schlagbezogenen Teil des Fragebogens teilweise nur Schätzwerte angegeben werden (z.B. Ausbringungsdatum von organischem Dünger, Ernteangaben zu Silomais bzw. Grassilage).

4.4.2 Angaben zur Betriebsstruktur

Die Gesamtfläche der 62 Einzelbetriebe beträgt 3590 ha. Sie gliedert sich in 2290 ha Ackerland, 914 ha Dauergrünland, 178 ha Waldfläche 50 ha Ödland sowie 158 ha Wasser- und Siedlungsfläche. Die mittlere Betriebsgröße beträgt 57.8 ha. Da Größe und Struktur der Einzelbetriebe sehr stark variieren ist eine differenziertere Betrachtung erforderlich. Auf der Grundlage der Betriebsflächengrößen wurde eine Gruppierung vorgenommen (Tabelle 20). Während sich 2 Betriebe (Gruppe 5) aufgrund ihrer sehr großen Betriebsflächen nicht in das vorherrschende Verteilungsmuster einordnen lassen, konnten die übrigen Gruppen aufgrund einer annähernden Normalverteilung entsprechend der Quartilseinteilung (jeweils 15 Betriebe) festgelegt werden.

Tab.20: Betriebsstrukturelle Kenngrößen klassifiziert nach den Größen der befragten Betriebe

Klasse	Anzahl d. Betriebe	mittl. Betr.-größe	Grünlandanteil	Ackeranteil	Dungeinheiten	Dungeinheiten pro ha	Betriebe m.Neben-einkomm.
1	15	11.9	5.95	5.64	25.2	2.17	10
2	15	31.2	10.54	20.18	57.2	1.86	0
3	15	49.2	18.24	30.59	74.8	1.53	1
4	15	76.8	22.68	53.34	103.8	1.37	1
5	2	430	26.3	322	143.3	0.41	0

Neben den mittleren Flächenanteilen an Acker- und Grünland wurden für die einzelnen Klassen die mittlere Anzahl an Dungeinheiten berechnet und in Beziehung zur Größe der Wirtschaftsfläche gesetzt. Der Begriff "Dungeinheit" wird in der Schleswig-Holsteinischen Gülleverordnung als die Anzahl von landwirtschaftlichen Nutztieren festgelegt, die eine Menge von 80 kg Stickstoff oder

50 kg Phosphat in Form von Gülle, Harn oder Kot erzeugt. Die Gülleverordnung begrenzt die Ausbringung der Exkremente auf je 2 Dungeinheiten (160 kg N) pro ha.

Es wird deutlich, daß der Grünlandanteil und der relative Viehbestand (eine Dungeinheit entspricht etwa einer Großvieheinheit) bei kleinen Betrieben vergleichsweise groß ist. Insgesamt wurden nur 5 Betriebe ohne Fleisch- oder Milchveredlung erfaßt. Bei 16 Betrieben wurde die durch die Gülleverordnung festgeschriebene Grenze von 2 Dungeinheiten pro ha überschritten. Hier ist zu berücksichtigen, daß der Bezugszeitraum der Befragung das Wirtschaftsjahr 1987/88 ist, die Gülleverordnung aber erst am 1.9.1989 in Kraft trat. Setzt man den der Gülleverordnung zugrundegelegten Wert von 80 kg Stickstoff pro Dungeinheit ein, so ergibt sich ein mittlerer Betrag an Wirtschaftsdünger von 104.8 kg Stickstoff pro ha Betriebsfläche.

Eine regional differenzierende Analyse der Verteilung unterschiedlicher betrieblicher Strukturtypen zeigt, daß die im südlichen Teil des betrachteten Raumes, der durch sehr sandige Böden gekennzeichnet ist, ansässigen Betriebe (Gemeinde Gönnebek und Tarbek) vergleichsweise große Betriebsflächen (im Mittel: 62.5 ha bzw. 60.9 ha) aufweisen. Die anfallenden Wirtschaftsdüngermengen sind auf die Fläche bezogen relativ niedrig (ca. 1.3 Dungeinheiten pro ha).

Die Auswertung der Angaben, die zu den auf den Einzelbetrieben eingehaltenen Fruchtfolgen gemacht wurden, bietet ein erstaunlich vielseitiges Bild. Eine für weite Bereiche Schleswig-Holsteins typische enge Fruchtfolge, gekennzeichnet durch den in dreijähriger Folge wiederkehrenden Anbau von Raps, Weizen und Wintergerste sowie der Anbau von Mais in Monokultur ist zwar auch im Forschungsraum BORNHÖVEDER SEENKETTE anzutreffen, prägt aber keinesfalls das Gesamtbild. Aufgrund der kleinräumig variierenden Bodenverhältnisse und wegen der betriebsstrukturellen Charakteristika werden auf vielen Betrieben mehrere verschiedene Fruchtfolgen für jeweils unterschiedliche Flächen eingehalten. Die Auswertung der Einzelangaben erbrachte eine Einteilung in 6 Fruchtfolgetypen.

1. Raps - Getreide - Getreide -(Getreide) (n = 16)
   Winterweizen und Wintergerste sind hier die am häufigsten genannten Getreidearten, daneben werden Roggen und Hafer angegeben.

2. Raps - Getreide - Blattfrucht - Getreide (n=13)
   Als Blattfrüchte werden Buschbohnen, Erbsen, Futter- und Zuckerrüben sowie Welsches Weidelgras genannt.

3. Blattfrucht - Getreide - Getreide - Blattfrucht - Getreide (n=7).

4. Ackergras (3 jähr.) - Getreide (n=7)
   Die dominierenden Getreidearten sind Roggen und Hafer.

5. Ackergras - (Ackergras) - Mais - Getreide - (Getreide) (n=12)
   Die Anzahl der Jahre mit Getreide- bzw. Ackergrasanbau variiert.

6. Mais - (Getreide oder Ackergras) (n=9), 4 Betriebe bauen Mais in Monokultur an.

4.4.3 Schlagbezogene Ergebnisse der Fragebogenerhebung

Die im folgenden dargestellten Ergebnisse zum schlagbezogenen Teil des Fragebogens beziehen sich im wesentlichen auf die Angaben zur Stickstoffdüngung (Düngermengen und Ausbringungstermine), sowie auf die Erntemengen und die daraus abzuleitenden Stickstoffentzüge. Die darüber hinaus durchgeführten Auswertungen bezüglich der Phosphat-, Kalium- und Magnesiumdüngung sowie des Pflanzenschutzmitteleinsatzes werden an anderer Stelle vorgestellt.

Insgesamt standen Einzelangaben von 596 Schlägen zur Verfügung. Um zunächst einen Überblick über die durch Düngung ausgebrachten Stickstoffmengen zu schaffen, wurden die sich auf das Ausbringungsdatum beziehenden Einzelangaben, getrennt nach organischer und mineralischer Düngung, zu dem für das Bezugsjahr (1987/88) geltenden Gesamtstickstoff-Düngereintrag addiert. Dabei wurde der aus Schätztabellen (LANDWIRTSCHAFTSKAMMER SCHLESWIG-HOLSTEIN 1990) abgeleitete Gesamt-Stickstoffgehalt der einzelnen Wirtschaftsdüngervarianten zugrunde gelegt. Im Gegensatz hierzu empfiehlt die LANDWIRTSCHAFTSKAMMER SCHLESWIG-HOLSTEIN, von einer Stickstoffausnutzung von 75% bei mehrjähriger Gülleausbringung auszugehen. Bei der Auswertung wurde zwischen Rinder-, Schweine- und Hühnergülle sowie zwischen Rinder- und Schweine-Festmist unterschieden. Es wurde auf der Grundlage der schlagbezogenen Angaben ein mittlerer Stickstoffeintrag durch organische Düngung von 97.4 kg pro ha errechnet. Dieser Wert weicht nur wenig von dem anhand der Dungeinheiten (104,8 kg N/ha) berechneten Aufkommen an Stickstoff durch Wirtschaftsdünger ab, so daß davon ausgegangen werden kann, daß weder durch die Ableitungsverfahren noch durch fehlerhafte Angaben der Befragten mit größeren Abweichungen zu den realen Verhältnissen gerechnet werden muß.

In Tabelle 21 werden die berechneten Mittelwerte des Stickstoffeintrages durch organische und mineralische Düngung für unterschiedliche Kulturarten angegeben. Im Vergleich mit den von der LANDWIRTSCHAFTSKAMMER SCHLESWIG-HOLSTEIN (1987) empfohlenen Stickstoff-Düngermengen erreicht die Düngung der hier untersuchten Betriebe im Mittel ein sehr hohes Niveau, insbesondere bei den Kulturarten Raps, Mais, sowie Zucker- und Futterrüben. Bei diesen Arten würden die berechneten Mittelwerte auch dann weit über den empfohlenen Mengen liegen, wenn man, wie von der LANDWIRTSCHAFTSKAMMER empfohlen, nur 75% des Gesamt-Stickstoffgehaltes aus Wirtschaftsdüngern als pflanzenverfügbar anrechnen würde.

Tab. 21: Mittelwerte der Stickstoffdüngergaben für unterschiedliche Kulturarten im Raum Bornhöved Ergebnisse einer Fragebogenerhebung im Jahre 1988

Hauptfrucht	Anzahl d. Schläge	N-min. kg/ha	N-org. kg/ha	N-ges. kg/ha	Empfohlene Mengen(kg/ha)
Bohnen	7	72.40	183.10	255.50	60
Erbsen	2	0.00	120.00	120.00	60
Dauergras	234	216.50	40.40	256.90	100 - 300
Wel.Weidegras	39	253.10	102.30	355.40	bis 300
Zuckerrüben	15	107.70	190.70	298.40	140 - 170
Futterrüben	7	151.80	257.10	408.90	200
Mais	61	71.40	224.60	296.00	180
Hafer	27	62.60	80.50	143.10	60 - 90
Roggen	44	129.00	29.50	158.50	150 - 190
W-Gerste	47	156.90	83.50	240.40	130 - 190
S-Gerste	2	77.20	140.00	217.20	80 - 90
Braugerste	2	81.00	0.00	81.00	60
W-Weizen	53	192.10	50.20	242.30	150 - 225
Raps	39	201.80	102.90	304.70	160 - 220

Die empfohlenen Mengen sind abgeleitet von den Richtwerten für Düngung (1987) der Landwirtschaftskammer Schleswig-Holstein.

Unter der Zielsetzung, kulturart-spezifische Düngungsvarianten als Eingangsgrößen für die Simulation des Stickstoffhaushalts festzulegen, wurden für einzelne Kulturarten typische Düngereintragsszenarien abgeleitet. Für die im Erhebungsraum weniger häufig angebauten Kulturarten wie Bohnen, Erbsen, Zuckerrüben, Sommergerste und Braugerste sowie für Kulturarten, bei denen sich die Handhabung der Düngung nur wenig variabel (Hafer, Roggen,

Acker- und Dauergras) erwies, wurde nur ein Düngungstyp festgelegt. Eine differenziertere Klassifizierung erfolgte für die Kulturarten Raps, Winterweizen, Wintergerste, Mais, Dauergras und Ackergras. Im größeren Umfang kamen sechs unterschiedliche Stickstoff-Mineraldünger zur Anwendung: Volldünger, Kalkammonsalpeter, Diammonphosphat, Harnstoff und Ammonphosphat, wobei die drei zuerst genannten am häufigsten ausgebracht wurden. Bei der Berechnung der Stickstoffausträge durch Ernteentzug (Tab. 23) wurden für die unterschiedlichen Getreidesorten nur die mittleren Nährstoffgehalte des Getreidekorns berücksichtigt, da die Angaben zur Strohverwertung unvollständig sind. Vereinfachend wird davon ausgegangen, daß Stroh und andere Ernterückstände dem System zurückgeführt werden.

Tab. 22: Ausbringungstermine und mittlere Nährstoffmengen unterschiedlicher Kulturarten und Düngungsvarianten

Nutzung	Saat-termin		1.Düngung	2.Düngung	3.Düngung	4.Düngung	5.Düngung	6.Düngung
Wintergerste	15.9.87	Datum	15.3.88	10.5.88				
(Düngungs-variante 1)		kg N-min./ha	77	54.9				
		kg N-org./ha						
Wintergerste		Datum	15.3.88	19.4.88	10.5.88			
(Düngungs-variante 2)		kg N-min./ha	80	63.5	49.5			
		kg N-org./ha						
Wintergerste		Datum	30.8.87	10.4.88	10.5.88			
(Düngungs-variante 3)		kg N-min./ha		60	38			
		kg N-org./ha	91.7					
Wintergerste		Datum	30.8.87	15.3.88	19.4.88	10.5.88		
(Düngungs-variante 4)		kg N-min./ha		80	50	39.4		
		kg N-org./ha	112.2					
Wintergerste		Datum	25.8.87	10.9.87	15.3.88	24.4.88		
(Düngungs-variante 5)		kg N-min./ha			70	64.6		
		kg N-org./ha	76.3	111.7				
Weizen	15.10.87	Datum	20.3.88	20.4.88	7.5.88			
(Düngungs-variante 1)		kg N-min./ha	80	40	57.7			
		kg N-org./ha						
Weizen		Datum	11.3.88	12.4.88	7.5.88	7.6.88		
(Düngungs-variante 2)		kg N-min./ha	67.5	54	54	37.8		
		kg N-org./ha						
Weizen		Datum	20.9.87	20.3.88	15.4.88	17.5.88		
(Düngungs-variante 3)		kg N-min./ha		60	60	50		
		kg N-org./ha	89.6					

Fortsetzung: Tabelle Nr. 22

Nutzung	Saattermin		1.Düngung	2.Düngung	3.Düngung	4.Düngung	5.Düngung	6.Düngung
Weizen (Düngungsvariante 4)		Datum	1.10.87	7.3.88	10.4.88	12.5.88	7.6.88	
		kg N-min./ha		75	64	55	46.8	
		kg N-org./ha	93.3					
Weizen (Düngungsvariante 5)		Datum	10.9.87	15.4.88	20.3.88	15.5.88		
		kg N-min./ha			70	30		
		kg N-org./ha	75	145				
Weizen (Düngungsvariante 6)		Datum	1.9.87	15.3.88	15.4.88	15.4.88	10.5.88	19.6.88
		kg N-min./ha		75.5		52.5	37	52
		kg N-org./ha	71.2		65.1			
Raps (Düngungsvariante 1)	10.8.87	Datum	20.3.88	2.5.88				
		kg N-min./ha	103.3	90.3				
		kg N-org./ha						
Raps (Düngungsvariante 2)		Datum	20.8.87	15.3.88	16.4.88			
		kg N-min./ha		101.8	74.7			
		kg N-org./ha	77.9					
Raps (Düngungsvariante 3)		Datum	20.8.87	11.9.87	1.3.88	12.4.88		
		kg N-min./ha		62.1	81.9	91.9		
		kg N-org./ha	99.2					
Raps (Düngungsvariante 4)		Datum	20.8.87	15.3.88	9.4.88	16.4.88		
		kg N-min./ha		100.8		74.7		
		kg N-org./ha	107.8		107.7			
Raps (Düngungsvariante 5)		Datum	20.8.87	11.9.87	1.3.88	9.4.88	12.4.88	
		kg N-min./ha		62.1	87.9		97.9	
		kg N-org./ha	69.6			65.7		

Fotsetzung: Tabelle Nr. 22

Nutzung	Saat-termin		1.Düngung	2.Düngung	3.Düngung	4.Düngung	5.Düngung	6.Düngung
Mais	30.4.88	Datum	15.3.88	30.4.88				
(Düngungs-variante 1)		kg N-min./ha		36				
		kg N-org./ha	247					
Mais		Datum	15.3.88	30.4.88	2.6.88			
(Düngungs-variante 2)		kg N-min./ha		36	61.9			
		kg N-org./ha	206					
Dauergras		Datum	15.2.88	10.4.88	28.5.88	25.6.88		
(Düngungs-variante 1)		kg N-min./ha		72.53	72.53	72.53		
		kg N-org./ha	35.8					
Dauergras		Datum	15.2.88	10.4.88	28.5.88	25.6.88	23.7.88	
(Düngungs-variante 2)		kg N-min./ha		54.4	54.4	54.4	54.4	
		kg N-org./ha	75.4					
Ackergras	2.9.87	Datum	15.2.88	10.4.88	28.5.88	25.6.88	23.7.88	
(Düngungs-variante 1)		kg N-min./ha		60.6	60.6	60.6	60.6	
		kg N-org./ha	60					
Ackergras		Datum	15.2.88	10.4.88	28.5.88	25.6.88	20.8.88	
(Düngungs-variante 2)		kg N-min./ha		48.82	48.82	48.82	48.82	
		kg N-org./ha	142.3					
Zuckerrüben	10.4.88	Datum	1.4.88	9.4.88	10.5.88			
		kg N-min./ha		60	47.7			
		kg N-org./ha	190.7					
Futterrüben	20.4.88	Datum	15.10.87	10.4.88	19.4.88	2.6.88		
		kg N-min./ha			76.8	75		
		kg N-org./ha	100	157.1				

Tab. 23: Erntemengen unterschiedlicher Kulturarten und Düngungsvarianten

Kulturart u.Düngungs-variante	Ernte-menge	N-Austrag über die Ernte	Kulturart u.Düngungs-variante	Ernte-in dt/	N-Austrag über die Ernte
Bohnen	51 dt	193.8 kg	Futterrüben		170 kg
Erbsen	64 dt	243.2 kg	Zuckerrüben		220 kg
D.Gras 1	78 dt	200 kg	D.-Gras 2	90 dt	220 kg
A.Gras 1	94 dt	240 kg	A.Gras 2	110 dt	280 kg
Roggen	52 dt	93.6 kg	Hafer	50 dt	90 kg N
S.Gerste	50 dt	110.0 kg	Braugerste	50 dt	90 kg N
Mais 1	107 dt	161 kg	Mais 2	107 dt	161 kg
Raps 1	34 dt	125.8 kg	Raps 2	36 dt	133.2 kg
Raps 3	32 dt	118.4 kg	Raps 4	36 dt	133.2 kg
Raps 5	30 dt	111.0 kg	W.Gerste 1	67 dt	147.4 kg
W.Gerste 2	69 dt	151.8 kg	W.Gerste 3	61 dt	134.2 kg
W.Gerste 4	60 dt	132 kg	W.Gerste 5	58 dt	127.6 kg
W.Weizen 1	73 dt	161.7 kg	W.Weizen 2	68 dt	149.6 kg
W.Weizen 3	70 dt	154.0 kg	W.Weizen 4	77 dt	169.4 kg
W.Weizen 5	69 dt	151.8 kg	W.Weizen 6	76 dt	167.0 kg

Die Typisierung der Flächennutzung nach Kulturarten und Düngungsvarianten, die hier für die Festlegung eines Modellszenarios durchgeführt wurde, liefert deutliche Hinweise hinsichtlich der zu erwartenden Ergebnisse bei der Stickstoffbilanzierung. Insbesondere sind bei den düngungsintensiven Anbauvarianten von Mais (Variante 2) und Raps (Variante 3, 4 und 5) aber auch von Winterweizen (Variante 4, 5 und 6) und Wintergerste (Variante 4 und 5) langfristig hohe Stickstoffverluste durch Auswaschung zu erwarten.

Die den Futterrübenanbau betreffenden Angaben weisen auf einen besonders hohen Stickstoffeintrag durch Gülleausbringung hin. Aufgrund der geringen Anzahl von Betrieben mit Futterrübenanbau können keine verallgemeinernden Schlußfolgerungen gemacht werden.

5 Beispielhafte Modellanwendung

Wie bereits eingangs dargestellt, wurde das Modellsystem WASMOD-&STOMOD unter der Zielsetzung einer Planungszwecken dienenden Anwendbarkeit entwickelt. Im folgenden werden zwei Anwendungsbeispiele dargestellt.

Anhand des ersten Beispiels soll aufgezeigt werden, inwieweit sich die gemessenen Nitratkonzentrationen eines kleinen, weitgehend aus oberflächennahem Grundwasser gespeisten Oberflächengewässers mittels Modellrechnungen unter Einbeziehung der Nutzungseinflüsse und Standortbedingungen nachvollziehen lassen. Darauf aufbauend wird anhand von Modellrechnungen überprüft, um welchen Betrag sich die Nitratkonzentrationen im Grund- und Oberflächenwasser durch eine begrenzte Nutzungsänderung einzelner Flächen des Einzugsgebietes verringern.

In einem zweiten Anwendungsbeispiel wird die Nitrat-Auswaschungsgefahr unter Ackernutzung in Abhängigkeit von den Standorteigenschaften für ein Kartenblatt der Deutschen Grundkarte durch Modellrechnungen abgeschätzt.

5.1 Modellrechnungen zur Nitratbelastung der Schmalenseefelder Au

Die Schmalenseefelder Au liegt im südlichen Teil des Forschungsgebietes BORNHÖVEDER SEENKETTE. Ihr Einzugsgebiet wird im Süden durch die Ausläufer des Trappenkamper Sanders, im Norden durch den Schmalensee begrenzt. Das LANDESAMT FÜR WASSERWIRTSCHAFT UND KÜSTEN (1980) führte im Zeitraum 1979 bis 1980 regelmäßige Untersuchungen zur chemischen Gewässerqualität der Schmaleseefelder Au durch. Wie die Abbildung 42 zeigt, wurden mit einem Durchschnittswert von 12 mg N/l hohe Gesamtstickstoff- und Nitratgehalte festgestellt. Die von BRUHM (1990) durchgeführten Vergleichsuntersuchungen weisen auf ein weiteres Ansteigen der Stickstoffkonzentrationen des Gewässers hin. Die Untersuchungen wurden jeweils 380 m (B 430) unterhalb der Quelle an der Bundesstraße Nr. 430 durchgeführt.

BRUHM (1990) bestimmte zusätzlich die NO_3-Konzentration von direkt an der Quelle entnommenen Wasserproben und stellte kaum abweichende Nitratkonzentrationen fest. Es ist davon auszugehen, daß landwirtschaftlich bedingte Stickstoffauswaschungsverluste die hohen Nitratkonzentrationen des die Quelle der Schmalenseefelder Au speisenden oberflächennahen Grundwassers verursachen.

LEHNHARDT et al. (1983) fassen Untersuchungsergebnisse verschiedener Autoren zusammen und nennen mittlere Nitratkonzentrationen von 10-22 mg NO_3/l für Oberflächenwässer mit Einzugsgebieten, deren Nutzung überwiegend durch Ackerbau geprägt ist. Es wird festgestellt, daß bei Grünlandnutzung die Nitratkonzentrationen in Bachwässern auch bei intensiver Stickstoffdüngung niedriger sind als bei Ackernutzung. Im Vergleich zu dem genannten Konzentrationsbereich liegt die NO_3-Konzentration der Schmalenseefelder Au mit über 50 mg NO_3/l sehr hoch. Der Planungsrichtwert für schleswig-holsteinische Oberflächenwässer von 10 mg Gesamtstickstoff pro Liter (DER MINISTER für ERNÄHRUNG, LANDWIRTSCHAFT und FORSTEN 1986) wird schon alleine durch den Nitratanteil überschritten.

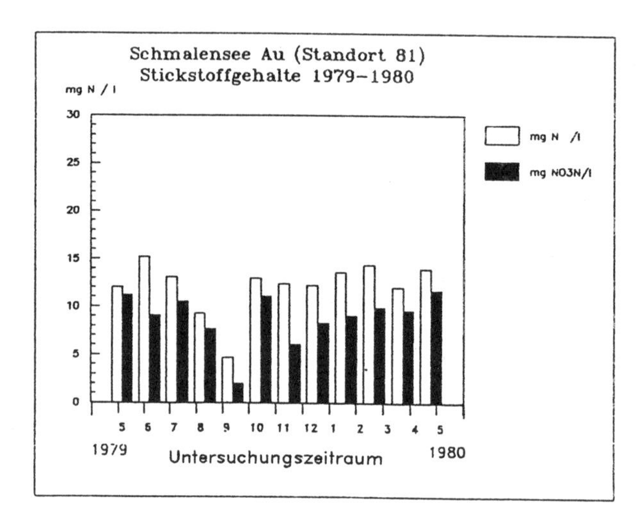

Abb. 42: Stickstoffgehalte der Schmalenseefelder Au im Zeitraum 1979-1980 (Quelle: LANDESAMT f. WASSERWIRTSCHAFT UND KÜSTEN, 1980)

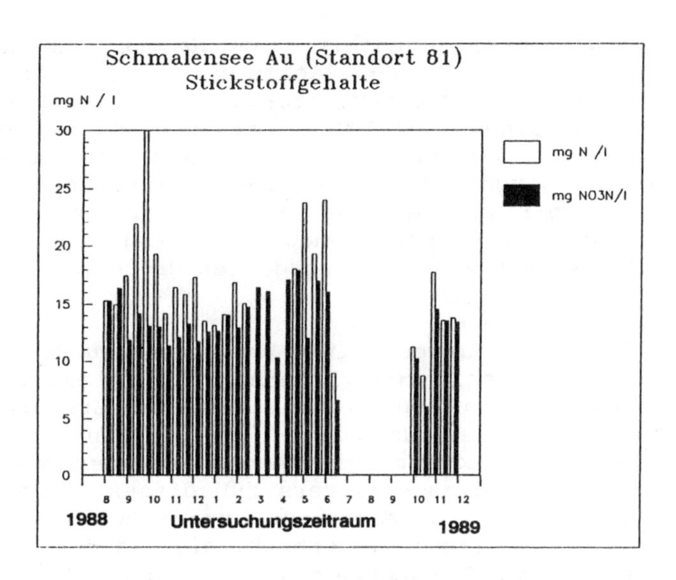

Abb. 43: Stickstoffgehalte der Schmalenseefelder Au im Zeitraum 1988-1989 (Quelle: BRUHM 1990)

Es wurden für einen Zeitraum von 6 Bilanzjahren (Oktober 1983 bis Oktober 1989) Modellrechnungen durchgeführt. Anhand der berechneten Nitratausträge kann eine nach Einzelflächen differenzierte Wasser- und Stickstoffbilanz erstellt werden. Auf der Grundlage der Ergebnisse und unter Einbeziehung betriebswirtschaftlicher Erwägungen wird ein Vorschlag zur Umwidmung einzelner Flächennutzungen unter der Zielsetzung der Verminderung der Nitratkonzentration im Oberflächenwasser erstellt. Anhand der auf diesem Nutzungsszenario basierenden anschließend durchgeführten Modellrechnungen wird überprüft, wie wirksam diese Umwidmung von Teilflächen in Extensiv-Grünland bzw. Aufforstungen hinsichtlich der Reduzierung der Nitratkonzentrationen ist.

Die Erstellung der Parameterdateien wurde, wie in der Abbildung 39 dargestellt, durchgeführt. Als Informationsgrundlage lagen die Ergebnisse der Nutzungskartierung 1988 ("UMWELTBEOBACHTUNG SCHLESWIG-HOLSTEIN", FRÄNZLE et al. 1989, WELTERS 1989), die Grablochbeschreibungen der Bodenschätzung (Feldschätzungsbücher) sowie die durch das LANDESVERMESSUNGSAMT SCHLESWIG-HOLSTEIN zur Verfügung gestellten Höhenangaben im Raster von 12.5m mal 12.5m vor. Bodentypen und Bodenarten sowie die zur Modellanwendung notwendigen bodenphysikalischen Parameter wurden anhand des in Kapitel 4 dargestellten Verfahrens abgeleitet. Aufgrund der hohen Reliefenergie des Betrachtungsraumes führte die Verschneidung von Bodenkarte, Nutzungskarte und der aus den Höhenrastern berechneten Expositionskarte (Flächen mit einer Hangneigung von mehr als 2%) zu einer Vielzahl kleiner Flächen mit einer Größe von nur wenigen Quadratmetern. Um die Parameterdatei und damit auch die Rechenzeit auf ein sinnvolles Maß zu reduzieren, wurden alle Flächen mit einer Größe unter 1000 m^2 mit der jeweiligen Nachbarfläche zusammengelegt. BRUHM (1990) errechnete für das Jahr 1989 anhand von Flügelmessungen einen mittleren Abfluß von 9.5 l/sec (Station B430). Bei Grundwasserneubildungsraten von 300-400 mm /Jahr ist mit einer Einzugsgebietsgröße von 75-100 ha zu rechnen.

Anhand des in Kapitel 4 dargestellten Verfahrens wurden auf der Basis der von BRUHM bestimmten Abflußmengen und einer Grundwasserneubildungsrate von 350 mm, die auf der Grundlage der Klimakennwerte sowie der Nutzungs- und Bodenverhältnisse abgeleitet wurde, die Grundwassergleichen abschätzend berechnet. Da der k_f-Wert des Grundwasserleiters für dieses Gebiet nicht bekannt ist, wurden die Berechnungen unter Optimierung der eingesetzten k_f-Werte solange wiederholt, bis die der Schmalenseefelder Au zugeordneten Grundwasserabflußmengen dem Meßergebnis annähernd entsprachen. Da darüber hinaus auch die Zuflußmenge Q abgeschätzt werden muß, sind die berechneten Grundwassergleichen nur als grobe Annäherungswerte anzusehen. Genauere Abschätzungen sind nur bei Kenntnis der genannten Größen bzw. mehrerer im Gebiet gemessener Pegelstände durchzuführen.
Dem Teileinzugsgebiet des oberen Bachlaufes (bis Meßpunkt B430) wurden 175 Einzelpolygone mit einer Gesamtfläche von 0.793 km^2 zugeordnet. Davon werden fünf im äußeren Süden des Einzugsgebietes gelegene Flächen nur aufgrund des Oberflächenabflusses zugeordnet.

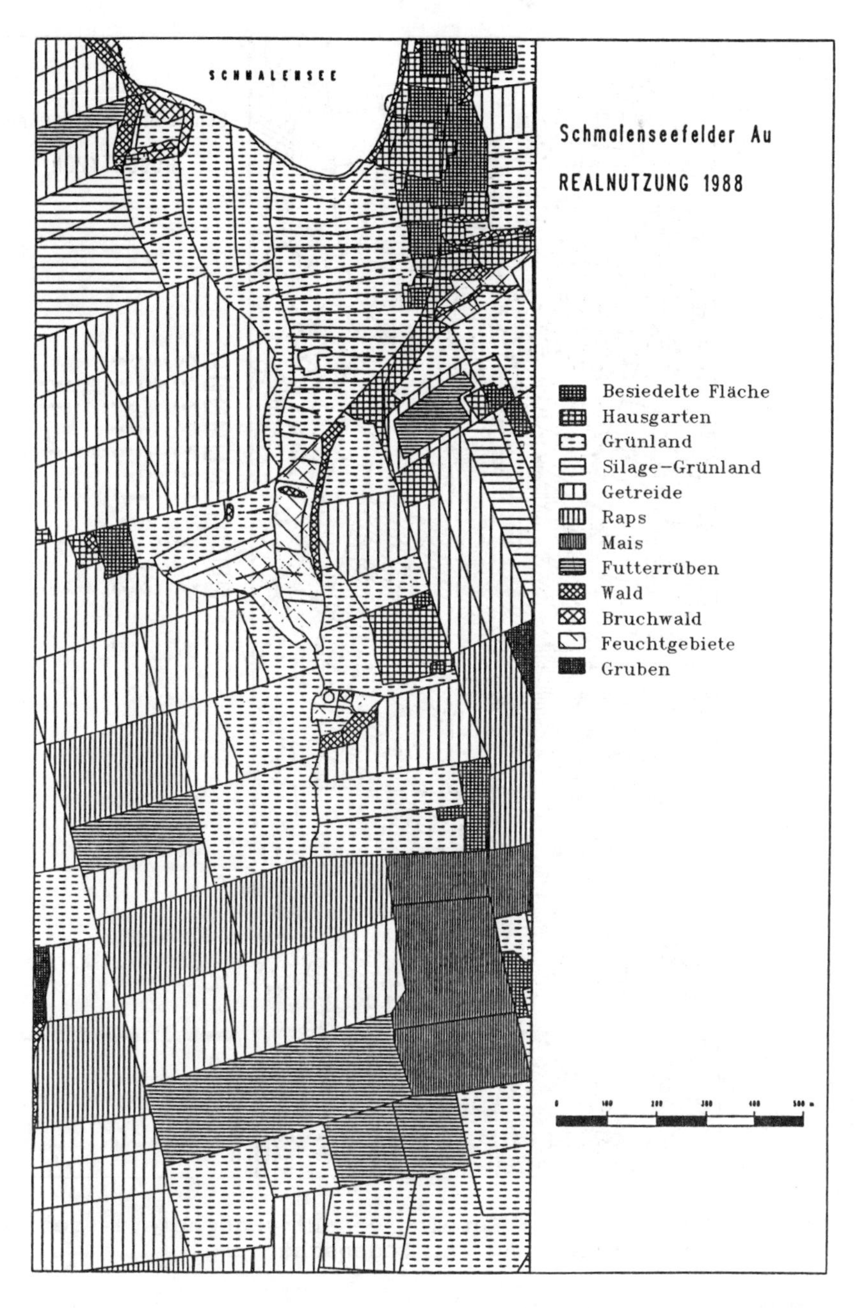

Abb. 44: Realnutzung im Bereich des Einzugsgebietes der Schmalenseefelder Au (Bezugsjahr 1988)

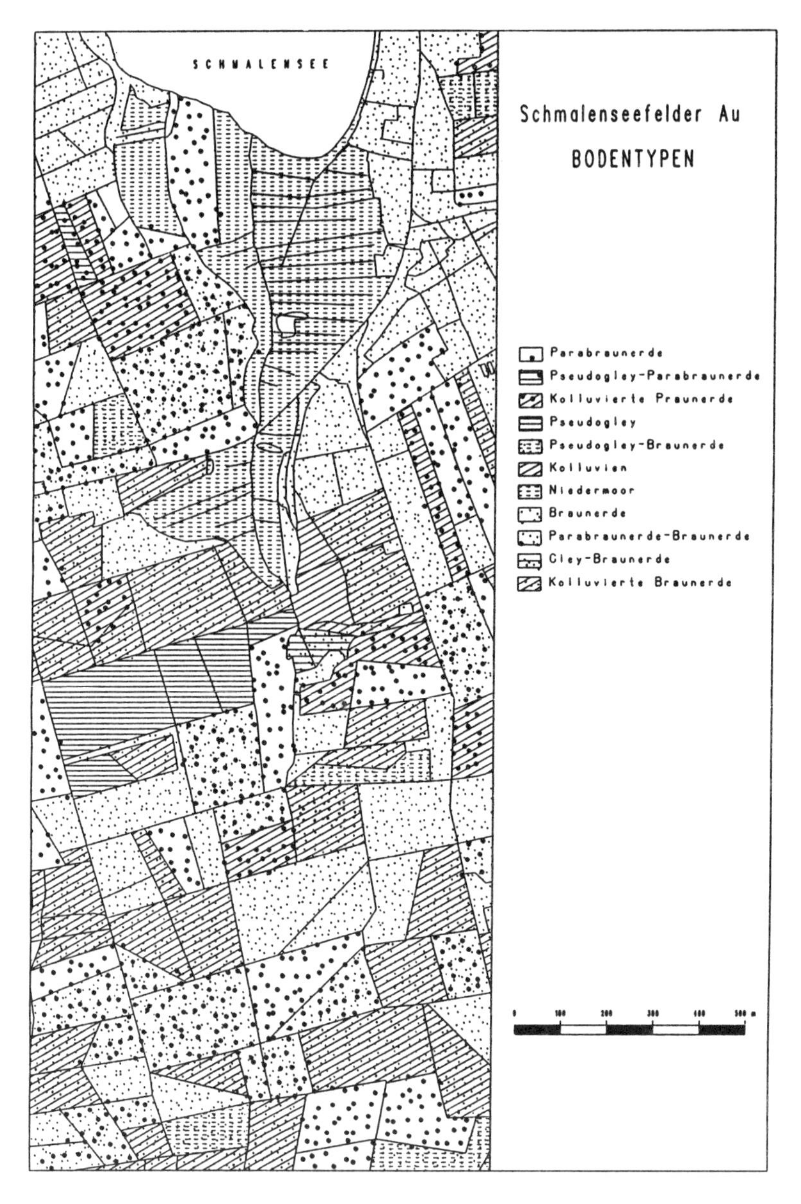

Abb. 45: Bodentypen im Bereich des Einzugsgebietes der Schmalenseefelder Au (n. Bodenschätzung)

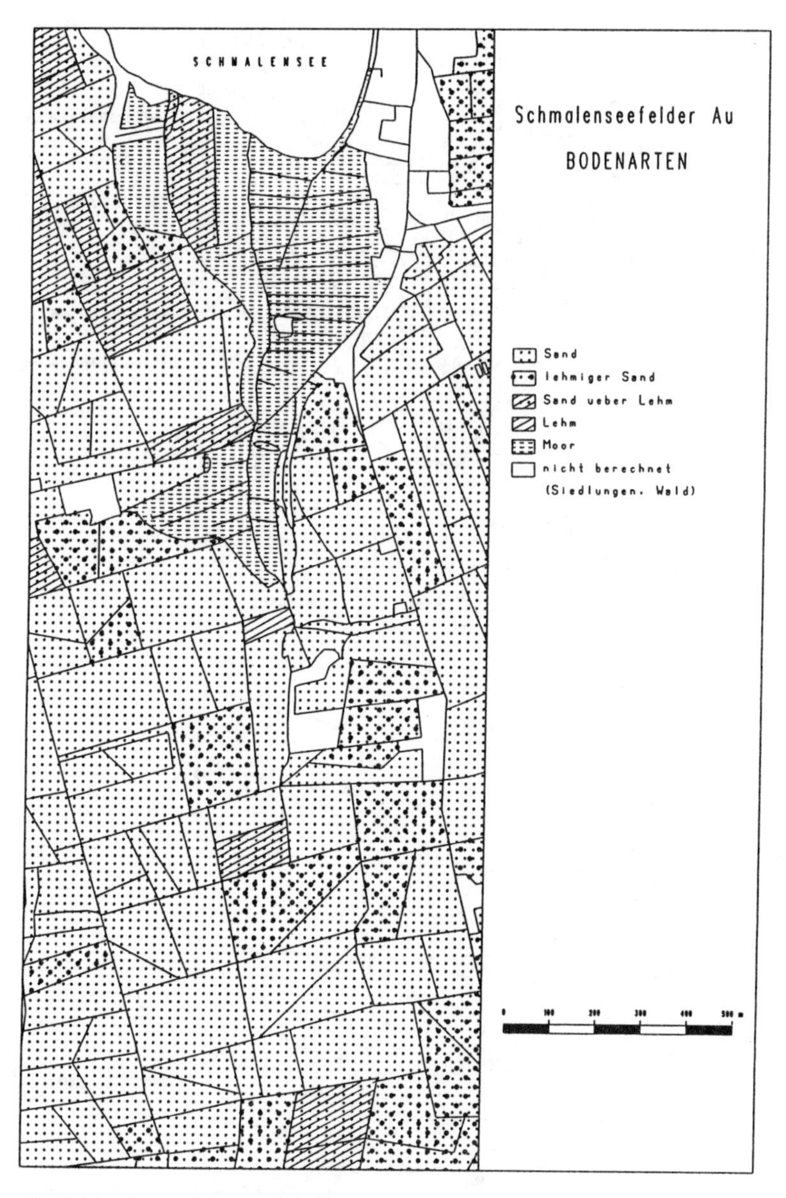

Abb. 46: Bodenarten im Bereich des Einzugsgebietes der Schmalenseefelder Au (n. d. Bodenschätzung)

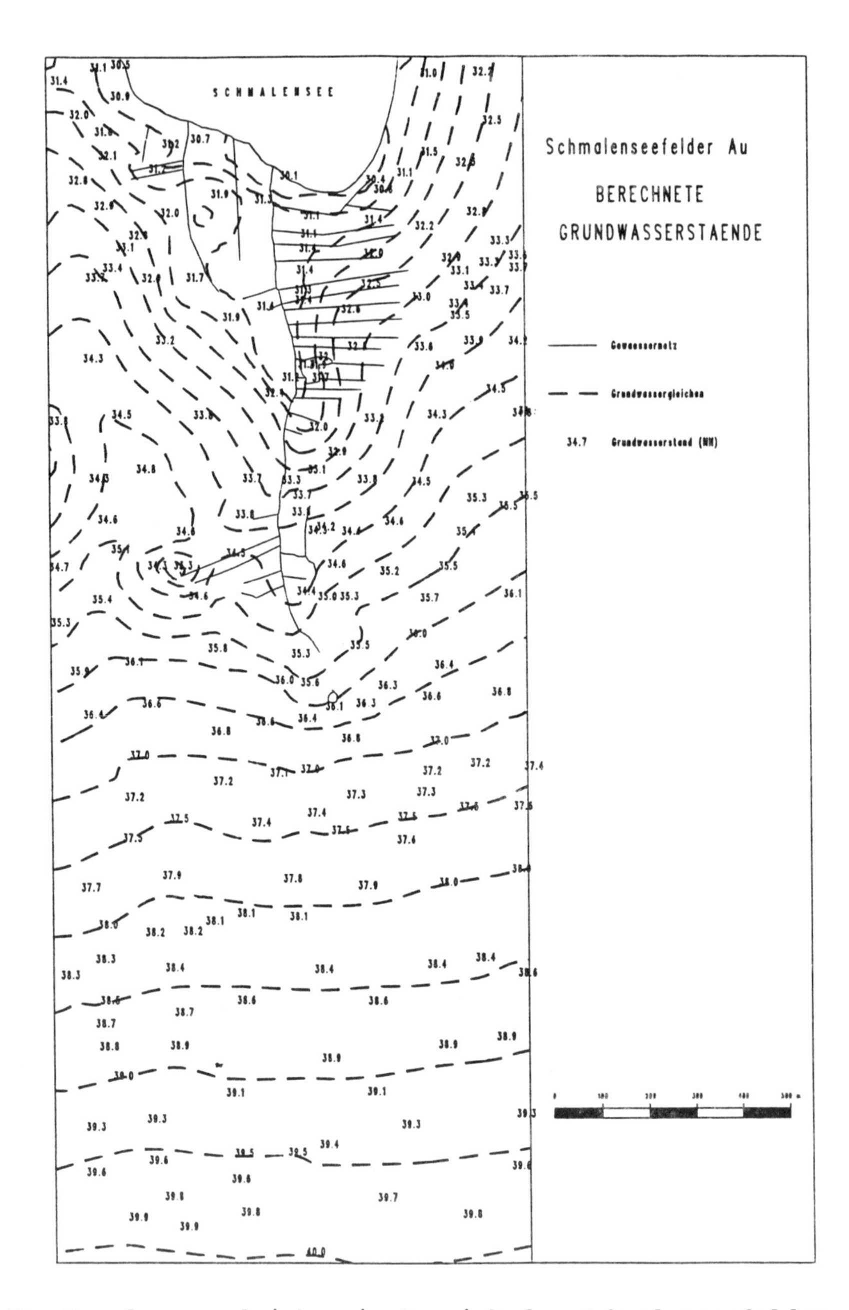

Abb. 47: Grundwassergleichen im Bereich der Schmalenseefelder Au (Berechnungsgrundlage: siehe Text)

Das Teileinzugsgebiet wird zu 56% der Gesamtfläche ackerbaulich genutzt, 24% entfallen auf Grünland und der verbleibende Rest auf Siedlungs- und Verkehrsflächen, Gartenland und kleine Waldflächen bzw. Aufforstungen. Im südlichen Teil des Einzugsgebietes herrschen sandige, teilweise kolluvierte Braunerden sowie Parabraunerden (Sand über lehmigem Sand) vor. Im Niederungsbereich sind Niedermoorböden anzutreffen. Die mittlere Jahrestemperatur des Gebietes beträgt 8.3 °C (BEINHAUER 1989), die mittlere Jahresniederschlagshöhe liegt bei 757,3 mm (langjährige Mittel der Meßstationen Neumünster, Kiel und Plön, 1951 bis 1980).

Für die 6 Simulationsjahre (1983/84 bis 1988/89) wurden für die Einzelflächen Fruchtfolgen entsprechend der Ergebnisse der Fragebogenerhebung und der Realnutzungskartierung von 1988 eingesetzt. Die festgestellte Verteilung einzelner Ackerkulturen deutet auf folgende vorherrschende und für den Raum typische Fruchtfolge hin:

Blattfrucht - Getreide - Getreide - Blattfrucht - Getreide
(Fruchtfolgetyp 3, siehe Kapitel 4).

Bei den Getreidearten herrschen Wintergerste und Roggen vor, der Blattfruchtanbau verteilt sich zu 1/3 auf Rüben, zu 2/3 auf Raps. Insgesamt werden die Ackerfrüchte für einzelne Simulationsjahre mit jeweils annähernd gleichen Flächenanteilen berücksichtigt (2/5 Blattfrüchte, 3/5 Getreide), so daß sich durch die Berücksichtigung der Fruchtfolge lediglich die Lage der auf einzelnen Flächen angebauten Kulturarten verändert.

Tab. 24: Nutzungsbezogene Flächenanteile und Düngereinträge im Einzugsgebiet der Schmalenseefelder Au

Kulturart	Mineral. kg N/ha	Wirt.düng kg N/ha	Fläche ha	Gesamt kg N
Grünland	206.5	47,0	18,8	4766,0
Raps	176,5	78,0	11,2	2850,4
F.Rüben	151,8	257,1	6,4	2616,9
W.Gerste	112,2	169,4	13.8	3686,1
Roggen	129,0	29,5	11,28	1787,9
Hafer	62,6	80,5	0,5	71,55

Der Stickstoffeintrag durch Düngung wurde ebenfalls entsprechend der Befragungsergebnisse für das Teileinzugsgebiet abgeschätzt, wobei nur die für das Einzugsgebiet repräsentativen Düngungsvarianten Berücksichtigung fanden. In der Tabelle sind die für die im Betrachtungsraum vorkommenden Kulturarten kalkulierten Düngermengen zusammengestellt.

Unter Berücksichtigung eines Stickstoffeintrags durch atmosphärische Deposition von 18,6 kg (FRÄNZLE et al. 1989) liegt der jährliche Stickstoffeintrag für die Gesamtfläche (0,793 km^2) bei 17,25 t.

5.1.1 Modellergebnisse zu Abflußmengen und zur Nitratfracht der Schmalenseefelder Au

Im folgenden sollen exemplarisch die Modellergebnisse für das Simulationsjahr 1988 dargestellt werden. Die Klimasituation dieses Zeitraumes wurde bereits im Kapitel 3 beschrieben. Die Wasserbilanz für das Teileinzugsgebiet wird durch Tabelle 25 wiedergegeben.

Der Interzeptionsverlust und die aktuelle Evapotranspiration machen insgesamt 57% des Freilandniederschlags aus. Der vergleichsweise hohe Interzeptionsverlust ist durch den flächenmäßig großen Anteil an Wintergetreide (34,8%) und Winterraps (14,15%) sowie einen Grünlandanteil von 23,7% zu erklären.

Tab. 25: Wasserhaushaltsbilanz für das Teileinzugsgebiet der Schmalenseefelder Au (südlch der B430,Zeitraum: 1.1.1988-31.12.1988)

		in 1000 l	in % des NDS
Niederschlag	:	741574,5	100,0
Interzeptionsverlust	:	97602,7	13,2
Akt. Evapotranspiration	:	324519,9	43,8
Speicheränderung (0-100cm)	:	36335,8	4,9
Sickerrate (100 cm u.Flur)	:	272279,8	36,7
Oberflächenabfluß	:	10349,3	1,4

Die Sickerwassermenge beträgt zusammen mit der berechneten Speicheränderung (Zu- oder Abnahme des Bodenwassergehaltes von 0 bis 100 cm unter Flur) 41,6% des Freilandniederschlags. Wie in Kapitel 2 ausführlich dargestellt wurde, entsprechen die mit dem Modellsystem WASMOD&STOMOD berechneten Wasserbilanzgrößen den in der Literatur für entsprechende Nutzungs- und Bodenverhältnisse genannten Werten. Der Oberflächenabfluß stellt mit 1,4% des

Freilandniederschlags nur eine wenig bedeutende Bilanzgröße für den Bezugszeitraum dar, kann aber bei Starkniederschlagsereignissen die Abflußmenge vervielfachen. Aufgrund der vorherrschenden Grünlandnutzung im unmittelbaren Gewässerrandbereich und den damit verbundenen hohen in die Modellrechnung eingehenden Pflanzenfaktoren (durch den Blattflächenindex wird die Wasserstandshöhe festgelegt, bei der entsprechend des Gefälles die Berechnung des Abflusses einsetzt) kommt es zu einer derart geringen Bewertung des Oberflächenabflusses.

Die Abbildung 48 stellt den zeitlichen Verlauf des Niederschlags, des Oberflächenabflusses und des Grundwasserabflusses dar. Es wird deutlich, daß Starkregenereignisse im Winter und Frühjahr zu höheren berechneten Oberflächenabflußmengen führen als im Sommer und Herbst. Der für das Teileinzugsgebiet bilanzierte Grundwasserabfluß weist im Jahresverlauf nur sehr geringe Schwankungen auf, d.h. die für Quellen mit kleinen Einzugsgebieten häufig beobachteten in Abhängigkeit vom Niederschlag auftretenden Schwankungen der Schüttungsmengen (HÖLTING 1989) werden hier durch die Modellrechnungen nicht wiedergegeben. Bei dem wie oben beschriebenen abgeschätzten k_f-Wert von 60 cm/d und Entfernungen von bis zu 1000 m zwischen Quelle und den dem Einzugsgebiet zugeordneten Flächen werden Schwankungen der Grundwasserneubildungsrate durch ein vergleichsweise hohes Grundwassergefälle abgepuffert. Darüber hinaus führt die bis zu 20 m mächtige ungesättigte Zone zu einer Dämpfung der Abflußamplituden. Für den betrachteten Teilabschnitt der Schmalenseefelder Au wird für das Jahr 1988 eine Gesamtabflußmenge von 265510,5 m^3 berechnet, wobei 255161,2 m^3 als Grundwasserabfluß bilanziert werden. Das heißt, daß der berechnete Grundwasserabfluß um 17118,6 m^3 unter der berechneten Sickerwassermenge (100 cm Tiefe) liegt. Es kommt während des Betrachtungszeitraumes zu einem geringfügigen Grundwasseranstieg. Betrachtet man die Bilanzen der Einzelflächen, so ergibt sich ein mittlerer Grundwasseranstieg von 6 cm.

Die für das Jahr 1988 berechneten Nitrat-Sickerverluste (100 cm unter Flur) und Nitratkonzentrationen im Sickerwasser werden durch die Tabelle 26 nach Nutzungen differenziert wiedergegeben. Die höchsten Verluste pro Flächeneinheit werden bei Raps- und Futterrübenanbau ausgewiesen. Relativ niedrig sind die Auswaschungsverluste unter Getreide, was auf die hohen Flächenanteile mit Winterroggen als wenig düngerintensive Getreideart zurückzuführen ist. Der Nitrat-Grenzwert der Trinkwasserverordnung von 50 mg NO_3/l wird im Sickerwasser unter Raps, Futterrüben und Weizen überschritten, wobei die hohe Konzentration unter der Weizenfläche mit niedrigen Sickerwassermengen aufgrund eines hohen Oberflächenabflußanteils zu erklären ist.

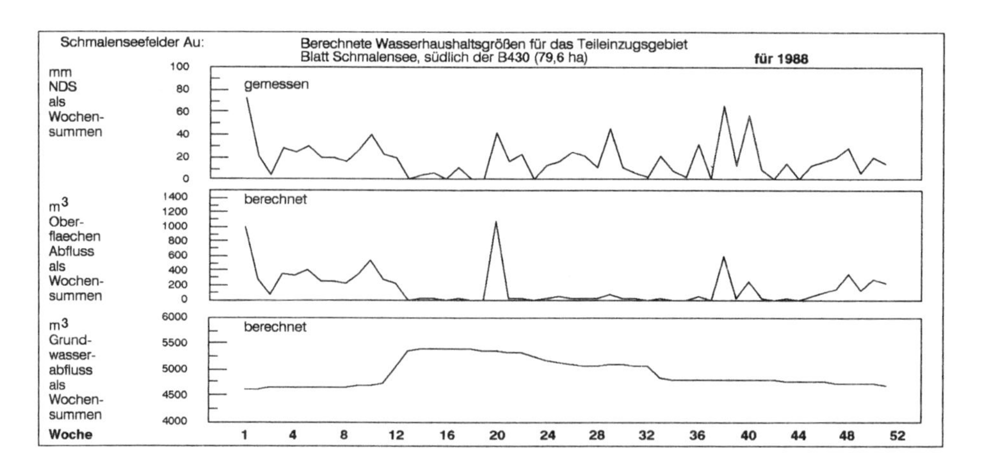

Abb. 48: Niederschlag und berechnete Abflußmengen der Schmalenseefelder Au (Bezugsjahr: 1988)

Tab. 26: Nitratversickerung (100 cm Bodentiefe) im Teileinzugsgebiet der Schmalenseefelder Au (differenziert nach Kulturarten)

Kulturart	Fläche in ha	Sickerwassermenge in 1000 l	Nitratverlust in kg N	Konzentration im Sickerwasser in mg N/l
Grünland	18,77	62741	598,8	9.5
Raps	11,23	39095	745,2	19,1
Rüben	6,41	27306	698,7	25,6
W.Weizen	2,04	6529	159,5	24,4
W.Gerste	13,81	55980	571,7	10,2
W.Roggen	11,28	40994	417,9	10,2
Hafer	0,5	1975	19,0	9,6
Sonstige	15,29	37679	284,4	7,5
gesamt	79,33	272279	3495,2	12,8

Für den betrachteten Teilabschnitt der Schmalenseefelder Au wird für das Jahr 1988 eine Gesamt-Nitratfracht von 3704 kg Nitrat-N berechnet, was einer durchschnittlichen Nitratkonzentration von 13.10 mg N/l (=57,6 mg NO_3/l) entspricht. Damit liegt die durchschnittliche Abweichung zu den von BRUHM gemessenen Konzentrationen bei weniger als 1 mg N/l. Der niedrigste berechnete Wert liegt bei 6 mg N/l der höchste bei 14,9 mg N/l.

Beim Vergleich der Wassermengen und Nitratfrachten der Jahre 1987, 1988 und 1989, berechnet für den Bachabschnitt südlich der B430, zeigt sich, daß für das Jahr 1989 die Werte am höchsten liegen. Hier wirken sich insbesondere die beiden Starkregenereignisse vom Juli und August 1989 durch überdurchschnittliche Oberflächenabflußmengen von mehr als 20.000 m^3 und entsprechend hohe Auswaschungsraten aus. Für das Jahr 1988 werden die höchsten mittleren Nitratkonzentrationen berechnet. Im Jahr 1989 liegen diese trotz höherer Frachten aufgrund der Verdünnung durch größere Abflußmengen niedriger.

Tab. 27: Errechnete Abflußmengen und Nitratfrachten der Schmalenseefelder Au für die Jahre 1987, 1988, 1989

Jahr	Abflußmenge in 1000 l	Nitratfracht in kg N	Nitratkonzentration in mg N/l
1987	323173,1	3338,1	10.33
1988	282629,1	3704,3	13,1
1989	318383,6	4034,9	12,7

5.1.2 Modellrechnungen mit einem veränderten Nutzungsszenario

Aufgrund der dargestellten Ergebnisse wurde versucht, einen Vorschlag zur Nutzungsänderung von Teilflächen des Einzugsgebietes zu erarbeiten. Neben der Gewässerqualität wurden durch REIMERS (1990) betriebswirtschaftliche Erwägungen und Gesichtspunkte der Biotop-Vernetzung mit einbezogen. Insbesondere aufgrund der betriebswirtschaftlichen Zwänge erscheint eine Planung, die eine Nutzungsumwidmung der im südlichen Bereich des Teileinzugsgebietes gelegenen Flächen umfaßt, als kaum durchsetzbar. Aus diesem Grund wird ein Teil der in direkter Nähe zur Schmalenseefelder Au gelegenen Nutzflächen in den Planungsvorschlag mit einbezogen. Insgesamt wird für eine Fläche von 13,1 ha (16,5% des Teileinzugsgebietes) eine Nutzungswandlung vorgeschlagen. Davon fallen 7,4 ha auf Ackerland, 5,7 ha auf Intensiv-Grünland. Laut Planungsvorschlag wird eine Fläche von 8 ha in Extensiv-Grünland umgewandelt, der Rest (5,1 ha) wird aufgeforstet (Laub-Mischwald).

Auf der Basis dieser Nutzungsänderungen wurden für weitere 5 Jahre Modellrechnungen durchgeführt. Es wurde wiederum das Klimaszenario 1983-1989 verwendet. Als Anfangszustand wurden jeweils die berechneten Endzustandsgrößen der vorausgegangenen Simulation eingesetzt. In den Abbildungen 49 und 50 werden die berechneten Nitrat-Konzentrationen der Sickerwässer bezogen auf Einzelpolygone mit bestehender und geplanter Nutzung abgebildet. Es wird deutlich, daß die Nitrat-Konzentrationen der umgewidmeten Flächen deutlich gegenüber den Werten bei bestehender Nutzung reduziert sind. Für die auf dem Klimaszenario von 1988 basierenden Simulationsrechnungen ergibt sich lediglich eine Reduzierung der Nitratkonzentration von 2.3 mg N/l, bezogen auf die gesamte Sickerwassermenge des Teileinzugsgebietes. Der genannte Richtwert für schleswig-holsteinische Oberflächengewässer von 10 mg N/l wird noch um 0,8 mg N/l alleine durch Nitrat überschritten. Hier wirken sich u.a. die durch die Umwidmung zu Grünland und Wald bedingten geringeren Sickerwassermengen aus. Während die Nitratkonzentration im Sickerwasser der extensivierten Flächen von 21.1 mg N/l auf 7.1 mg N/l zurückgegangen ist, ist für das Grundwasser unter diesen Flächen nach 5 Simulationsjahren nur ein Rückgang von 16.25 mg N/l auf 12.83 mg N/l berechnet worden. Das geringe Tempo, mit dem sich die Nutzungsänderung auf die berechneten Nitratkonzentrationen im Grundwasser auswirkt, ist auf die eingesetzten Aquifermächtigkeiten, Grundwasserflurabstände und auf die k_f-Werte des Grundwasserleiters zurückzuführen.

Zusammenfassend muß festgestellt werden, daß die im Planungsvorschlag einbezogenen Nutzungsänderungen die Nitrat-Konzentration des Sickerwassers und damit auf längere Sicht auch die des Grundwassers und des Quellwassers der Schmalenseefelder Au herabsetzen. Der für Oberflächenwässer geltende Richtwert von 10 mg N/l wird allerdings nicht erreicht. Um eine weitergehende Reduzierung zu bewirken, sind insbesondere die Düngermengen beim Anbau von Raps und Futterrüben zu senken. Dazu sind die durch Wirtschaftsdünger ausgebrachten Stickstoffanteile in adäquater Weise anzurechnen, d.h. bei kontinuierlicher Düngung mit Wirtschaftsdünger, insbesondere mit Gülle, sollte die eingetragene Stickstoffmenge voll berechnet werden, da über längere Zeiträume betrachtet eine etwa gleiche Menge Stickstoff in mineralisierter Form freigesetzt wird, wie es in organisch gebundener Form eingetragen wird (s. Kapitel 3). Durch die am 1.8.1989 in Kraft getretene Gülle-Verordnung des Landes Schleswig-Holstein ist die jährliche Gülleausbringung auf eine Höchstmenge von 160 kg N/ha begrenzt. Es ist nicht zu erwarten, daß es im betrachteten Teileinzugsgebiet durch diese Begrenzung zu einer Herabsetzung des Gesamt-Stickstoffeintrags durch Düngung kommt, da mit dem gleichen Aufkommen an Wirtschaftsdünger zu rechnen ist und es voraussichtlich nur zu einer geänderten zeitlichen und räumlichen Verteilung kommt.

Die am Beispiel der Schmalenseefelder Au durchgeführten Simulationsrechnungen zeigen, daß die Extensivierung einzelner landwirtschaftlich intensiv genutzter Flächen nur bedingt zu einer Reduzierung der Gewässerbelastung durch Nitrat führt. Bei Nitratkonzentrationen von 20 bis 40 mg N/l (entspricht ca. 90-180 mg NO_3/l), wie sie nicht selten unter intensiv genutztem Ackerland bei durchlässigen Böden auftreten, wäre die Ausweisung von extensiv genutzten Ausgleichsflächen in einem Umfang notwendig, der aus betriebswirtschaftlichen Gesichtspunkten kaum zu realisieren ist.

Dieser hohe Flächenbedarf ergibt sich insbesondere aufgrund der durch Aufforstung verursachten verminderten Grundwasserneubildungsraten. Auch bei einer Umwidmung zu Grünland kommt es zu einer Reduzierung der Sickerwassermengen. Aus diesen Gründen muß neben der Extensivierung und Stillegung von landwirtschaftlichen Nutzflächen die Reduzierung des Düngereintrags im Vordergrund aller Sanierungsbestrebungen stehen.

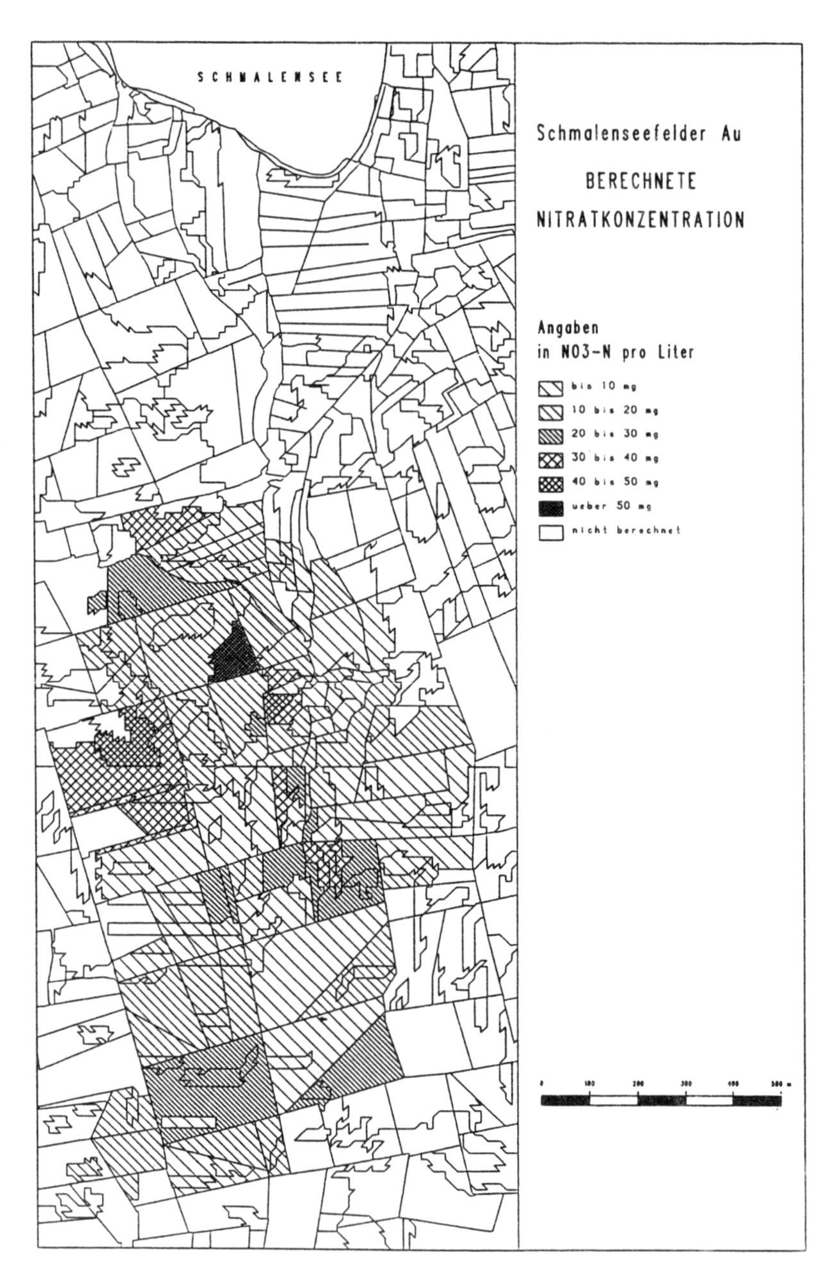

Abb. 49: Berechnete Nitratkonzentrationen im Sickerwasser unter vorgefundenen Nutzungsverhältnissen (1.1.-31.12.1988)

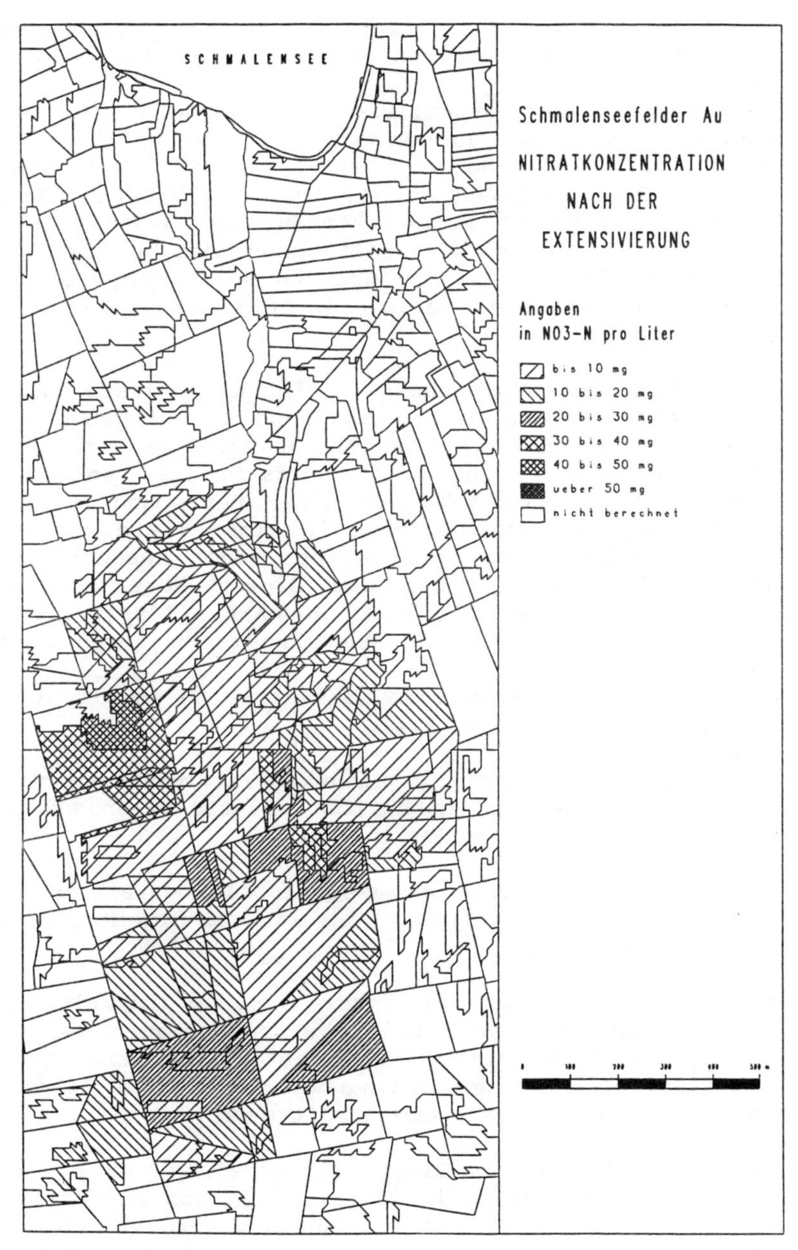

Abb. 50: Berechnete Nitratkonzentrationen im Sickerwasser unter veränderten Nutzungsverhältnissen (1.1.-31.12.1988)

5.2 Flächenhafte Abschätzung der Nitratauswaschungsgefahr am Beispiel der Deutschen Grundkarte, Blatt Perdöl

Die Bedeutung der herbstlichen N_{min}-Werte als Hilfsmittel zur Abschätzung von winterlichen Nitratausträgen wird von verschiedenen Autoren hervorgehoben (STREBEL & RENGER 1981, VAN DER PLOEG & HUWE 1988, KERSEBAUM et al. 1987, DUYNISVELD 1984). Wie im Kapitel 4 dargelegt wurde, können die Sickerverluste in Abhängigkeit von den Bodenverhältnissen, der Vegetationsdecke und dem Klimaverlauf in weiten Grenzen variieren, bei ungünstigen Bedingungen betragen sie bis zu 100% des herbstlichen Rest-N_{min}-Gehaltes.

Aufgrund dieser Zusammenhänge erließ das Ministerium für Umwelt in BadenWürttemberg eine Verordnung (Schutzgebiets- und Ausgleichs-Verordnung), laut der der herbstliche Nitratgehalt einen Betrag von 45 kg N/ha nicht überschreiten soll. Bei dieser Höchstwertfestlegung wird von einer Beprobung zwischen dem 1. November und dem 15. Dezember in einer Tiefe von 0-90 cm bei leichten und 0-60 cm bei schweren Böden ausgegangen (VAN DER PLOEG & HUWE 1988). Bei den diesen Bestimmungen zugrunde liegenden von SONTHEIMER & ROHMANN (1986) durchgeführten Berechnungen wurde von folgenden Prämissen ausgegangen:

- die höchste tolerierbare Konzentration an Nitrat im Sickerwasser beträgt 90 mg N/l.

- die mittlere Denitrifikationskapazität des Untergrundes beträgt 25 kg N/ha (entspricht bei 220 mm Grundwasserneubildungsrate ca. 50 mg NO_3/l).

- bei einer mittleren Grundwasserneubildungsrate von 220 mm/Jahr erfolgt im Winterhalbjahr eine vollständige Nitratverlagerung in den Unterboden.

Es wird teilweise sehr kontrovers darüber diskutiert, inwieweit eine Übernahme der vorliegenden Verordnung auf andere Bundesländer angebracht ist. Insbesondere ist die Nichtbeachtung von unterschiedlichen Standortbedingungen umstritten, weil hierdurch erhebliche Fehleinschätzungen auftreten können.

Durch die Anwendung von Simulationsmodellen kann die Abschätzung der Nitratversickerung in Abhängigkeit von Standortbedingungen und Klima so differenziert vorgenommen werden, daß eine Berücksichtigung dieser Faktoren bei der Formulierung von Auflagen, die Art und Intensität der Landbewirtschaftung beinhalten, ermöglicht wird.

Im folgenden wird eine Berechnung des auf den herbstlichen

N_{min}-Gehalt bezogenen relativen Nitrataustrages vorgestellt. Dabei bilden das Blatt Perdöl (1:5000) die räumliche Bezugsebene und das Winterhalbjahr 1988/89 die zeitliche Bezugsebene.

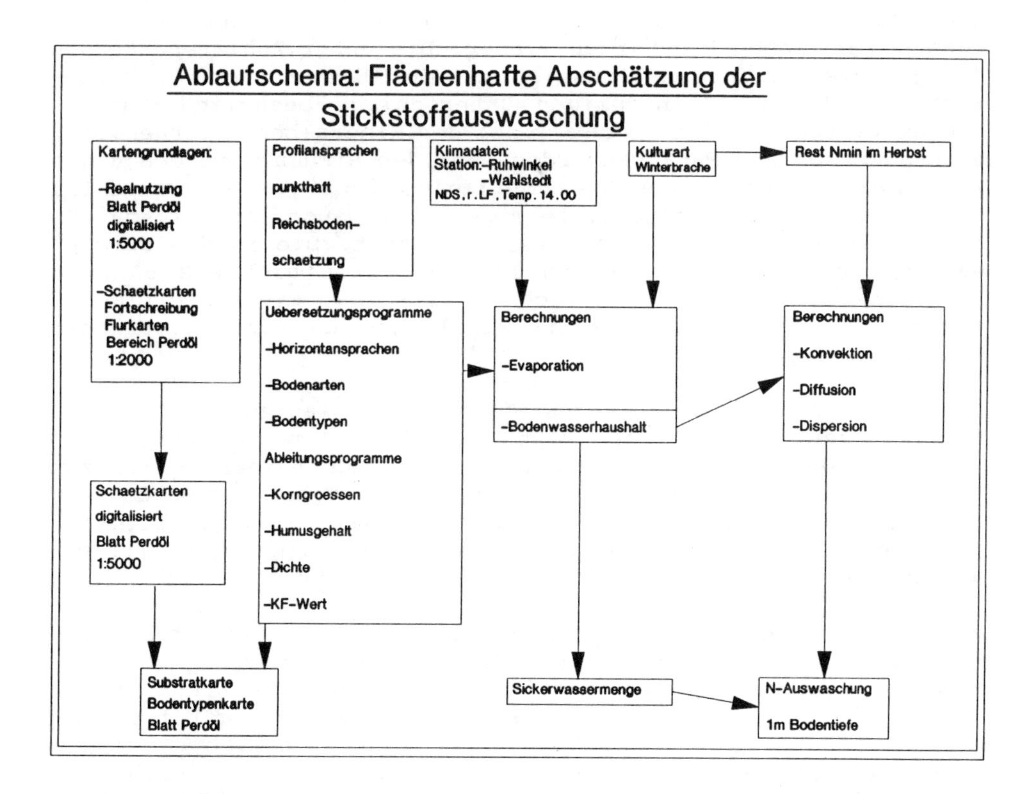

Abb. 51: Schema der einzelnen Arbeitsschritte zur flächenhaften Abschätzung der Nitratauswaschungsgefährdung

Da es bei diesem Modell-Anwendungsbeispiel nur um die Beschreibung der winterlichen Nitrat-Auswaschungsgefährdung in Abhängigkeit von Standorteigenschaften geht, wurden nur die den konvektiven und diffusiven Stofftransport beschreibenden Modellmodule eingesetzt. Auf eine Berücksichtigung der den Stickstoffumsatz in Böden wesentlich mit steuernden mikrobiologischen Prozesse, wie Mineralisierung, Nitrifikation und Denitrifikation, wurde verzichtet, da sie u.a. auch von nutzungsbedingten Faktoren, wie z. B. Fruchtfolge und Wirtschaftsdüngereintrag abhängen. Darüber hinaus blieb die Nährstoffaufnahme durch Pflanzenwurzeln unberücksichtigt. Es wurde also für alle einbezogenen Flächen eine Winterbrache angenommen. In der Abbildung 51 werden die einzelnen Arbeitsschritte der durchgeführten Gefährdungsabschätzung vorgestellt.

Für das Blatt Perdöl (2 X 2 km) liegen insgesamt 51 Bohrlochansprachen vor. Diese beziehen sich nur auf landwirtschaftlich genutzte Flächen. Abbildung 57 gibt die Flächenverteilung der unterschiedlichen Bodenarten wieder. Die unter Zuhilfenahme des "Geographischen Informationssystems" ARC INFO erzeugte Substratkarte zeigt die kleinräumigen Unterschiede bezüglich der Bodenausstattung. Es handelt sich bei den Mineralböden vornehmlich um Braunerden und Parabraunerden. Bei den Simulationsrechnungen werden ca. 230 ha der Gesamtfläche berücksichtigt. Davon sind 155 ha mit lehmig-sandigen bzw. lehmigen Böden ausgestattet; ca. 75 ha sind durch sandige Böden gekennzeichnet. Die in die Berechnungen nicht mit einbezogenen 170 ha setzen sich aus 62.2 ha Seefläche, 55.6 ha Waldfläche, 31.1 ha Niedermoorflächen (Grünlandnutzung) und 16.6 ha Siedlungs- und Verkehrsflächen zusammen.

Die Daten zur Beschreibung des Witterungsverlaufes (1.10.-1.3.-1989) wurden vom Deutschen Wetterdienst (Meßstation Wahlstedt) sowie vom Gewerbeaufsichtsamt Itzehoe (Meßcontainer Belau) zur Verfügung gestellt. Wie schon in Kapitel 2 dargestellt wurde, war das Winterhalbjahr 1988/89 vergleichsweise niederschlagsarm; insgesamt fielen im Berechnungszeitraum nur 271 mm Niederschlag, was ca. 50 mm unter dem langjährigen Mittel liegt.

Die Modellrechnungen wurden für alle landwirtschaftlich genutzten Mineralböden durchgeführt. Die Niedermoorböden wurden nicht berücksichtigt, da für diese noch kein ausreichendes Datenmaterial zur Modellkalibrierung vorlag. Aufgrund der niedrigen Nitrifikationsraten und da auf Moorböden fast ausschließlich Grünlandwirtschaft betrieben wird, ist hier mit einer relativ niedrigen Nitratauswaschung zu rechnen (SCHEFFER 1977, RICHTER 1987). Entsprechend des Abschätzungsverfahrens von VAN DER PLOEG (VAN DER PLOEG & HUWE 1988) wurde für sandige Böden eine Gleichverteilung der herbstlichen N_{min}-Mengen auf den gesamten durchwurzelten Raum (0-100 cm Bodentiefe) angenommen. Bei den schweren Böden wurden für die obersten 30 cm 25 kg N/ha, für die Schicht 30-60 cm 15 kg N/ha und für die Schicht 60-90 cm 5 kg N/ha eingesetzt. Es wurden keine zusätzlichen Nitrateinträge durch Düngung oder Deposition berücksichtigt.

Die Berechnung der Wasserbilanzen ergab bei einer Niederschlagssumme von 271 mm eine Verdunstungsrate von ca. 62 mm. Es wurden entsprechend des Wasserhaltevermögens der unterschiedlichen Böden Sickerwassermengen von 133 bis 175 l pro qm bezogen auf 100 cm Bodentiefe errechnet.

Die berechneten Stickstoffausträge liegen zwischen 37% und 85% der im Herbst vorliegenden Nitratmengen. Für Standorte mit lehmreichen Unterböden wurden die geringsten N-Verluste berechnet. Insgesamt ergeben sich für 43,5% der Bezugsfläche (230 ha) Nitratausträge, die unter 50% des Anfangsgehaltes liegen. Bei 34,6% der Bezugsfläche liegen diese über 70 Prozent (s. Abb. 52 u. Abb. 53).

Bei der Bewertung der berechneten Nitratausträge wurde zum einen der von SONTHEIMER & ROHMANN (1986) vorgeschlagene Konzentrationswert von 90 mg NO_3/l herangezogen. Hier wird mit einer mittleren jährlichen Denitrifikationsrate von 25 kg N/ha gerechnet, so daß es nicht zu einem Überschreiten des Trinkwassergrenzwertes von 50 mg NO_3/l kommt. Darüber hinaus wurde der Trinkwasser-Grenzwert selbst als maximal duldbare Nitratkonzentration für das Sickerwasser eingesetzt.Dabei wird davon ausgegangen, daß der Nitrat-Abbau durch Denitrifikation in der ungesättigten Zone nur sehr langsam abläuft, so daß bei durchlässigen Böden mit hohen Sickergeschwindigkeiten die Nitratkonzentrationen des Sickerwassers nur um einen geringen Betrag reduziert werden.

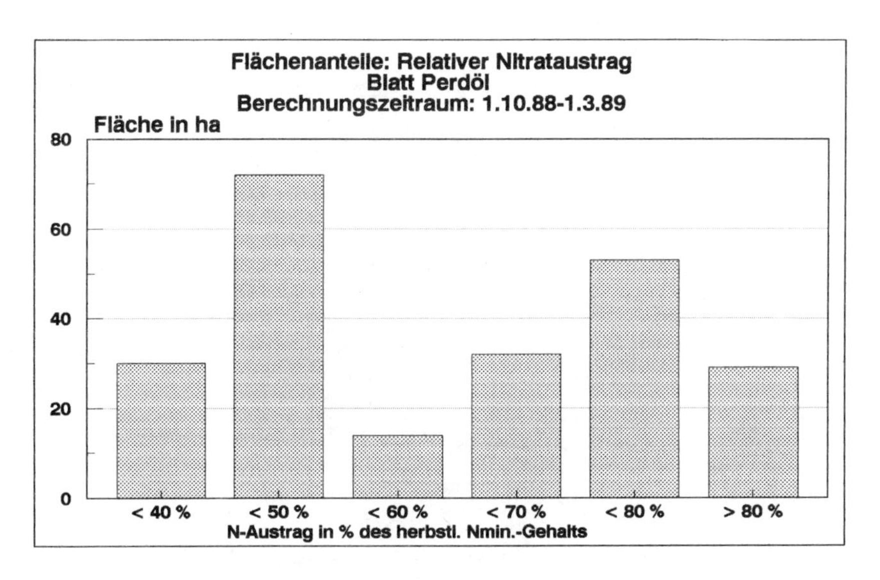

Abb. 52: Flächenanteile des relativen Nitrataustrags

Setzt man zur Bewertung der Nitrat-Auswaschungsgefahr die Werte von 50 mg NO_3/l bzw. 90 mg NO_3/l ein, so lassen sich jeweils Obergrenzen für die Herbst-N_{min}-Werte festlegen. Diese liegen in

Abhängigkeit von den Standorteigenschaften zwischen 24 kg N/ha und 46 kg N/ha bei Zugrundelegung des Trinkwassergrenzwertes von 50 mg NO_3/l bzw. zwischen 43 kg N/ha und 83 kg N/ha auf der Basis von einer oberen Sickerwasserkonzentration von 90 mg N/ha. Bei dem hier für die Simulationsrechnungen eingesetzten Klimaszenario werden unter Zugrundelegung einer Grenzkonzentration von 90 mg NO_3/l nur für die sandigen Böden tolerierbare Rest-N_{min}-Gehalte berechnet, die mit einer Obergrenze von 45 kg N/ha dem von SONTHEIMER & ROHMANN (1986) genannten Wert entsprechen. Für die Böden mit höheren Tonanteilen ergeben sich Obergrenzen von bis zu 90 kg N/ha.

Vergleicht man damit die im Herbst 1988 gemessenen Nitratmengen, (siehe Kapitel 2) von 22 Meßstandorten im Schwerpunktgebiet Bornhöved, so zeigt sich, daß lediglich die Grünlandstandorte im tolerierbaren Bereich liegen.

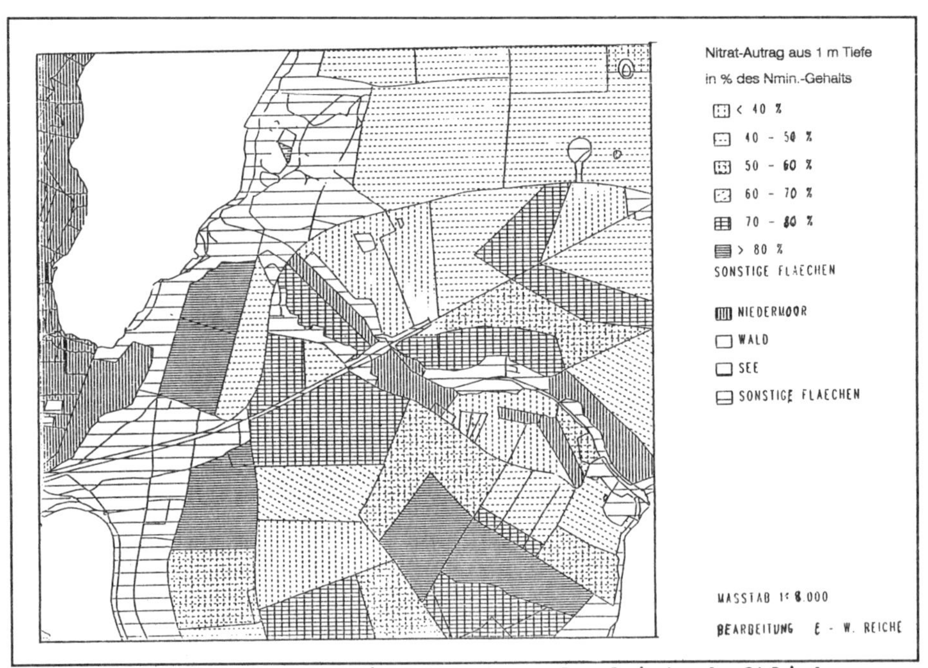

Abb. 53: Potentieller Nitrataustrag landwirtschaftlich genutzter Flächen in Abhängigkeit von den Bodeneigenschaften

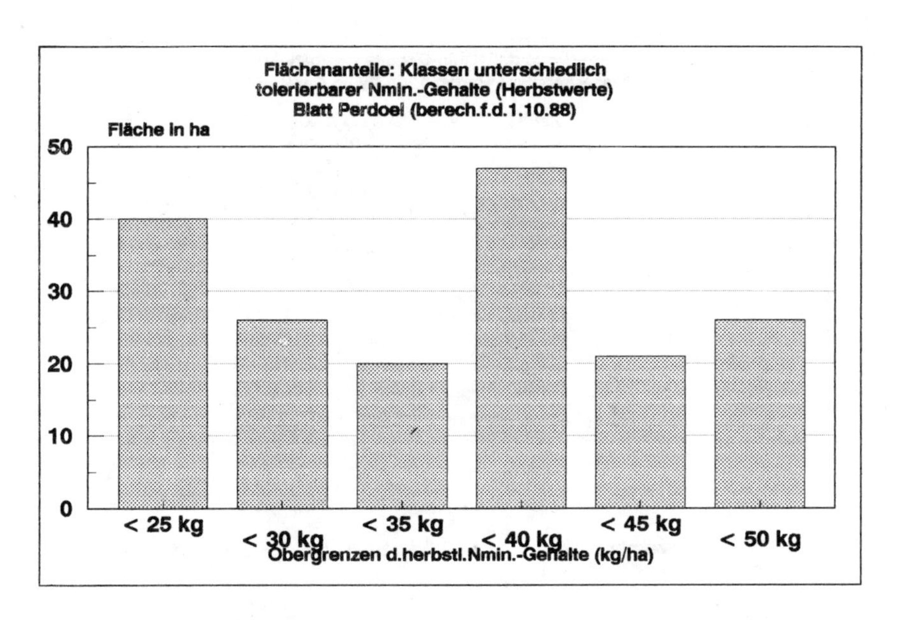

Abb. 54: Flächenanteile der Klassen unterschiedlich tolerierbarer N_{min}-Gehalte

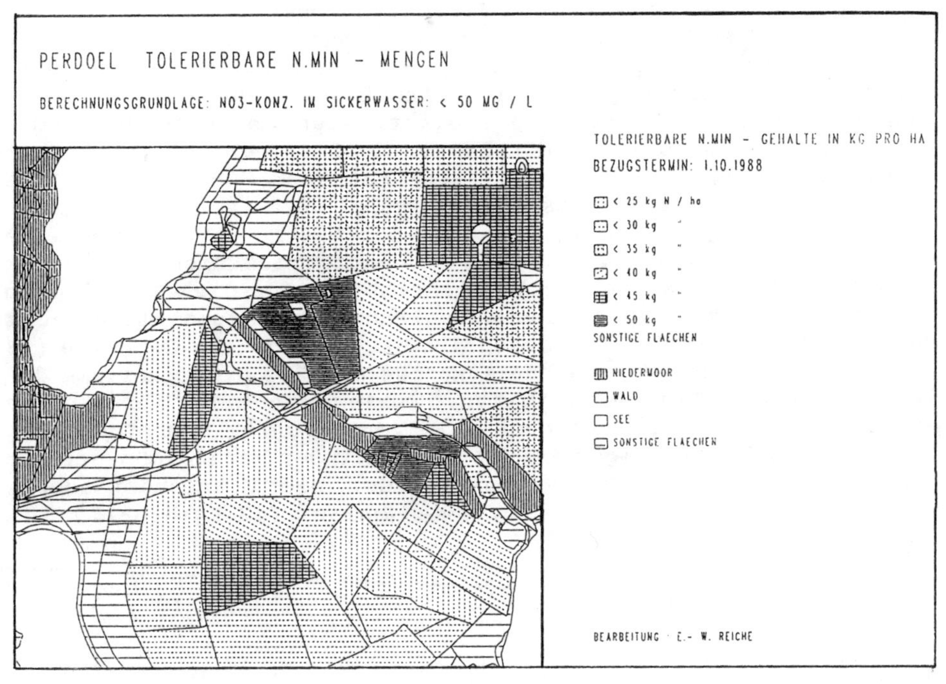

Abb. 55: Tolerierbare N_{min}-Gehalte unter Zugrundelegung des Nitrat-Grenzwertes für Trinkwasser (50 mg NO_3/l)

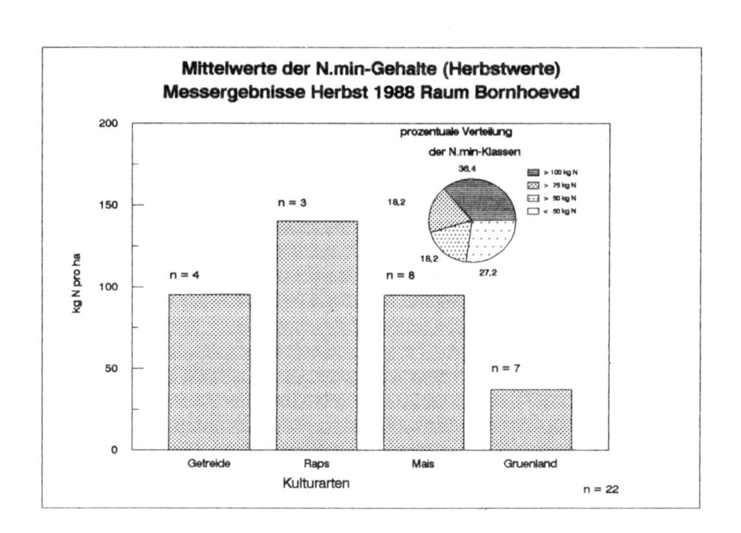

Abb. 56: Mittelwerte der herbstlichen N_{min}-Gehalte im Raum Bornhöved (1988)

Für das Sickerwasser der Getreide- und Maisstandorte (durchschnittlicher N_{min}-Anfangsgehalt: 95 kg N/ha) wurden Nitratkonzentrationen von 106 bis 199 mg NO_3/l errechnet. Die für die Raps-Anbauflächen errechneten Konzentrationen liegen mit 178 mg NO_3/l bis 336 mg NO_3/l noch wesentlich höher. Allerdings ist die Anzahl an Testflächen, auf denen N_{min}-Untersuchungen durchgeführt worden sind, zu gering, um allgemeingültige Aussagen treffen zu können. Tendenziell werden die ermittelten Meßwerte durch die Ergebnisse der Landwirtschaftskammer Schleswig-Holstein (Meßergebnisse vom Oktober 1987 des Nitratkataster SCHLEWIG-HOLSTEIN GERTH & EHMCKE 1988) bestätigt, wobei die Vergleichbarkeit dadurch eingeschränkt ist, daß dort nur bis zu einer Bodentiefe von 60 cm beprobt wurde, so daß der Wurzelraum nicht in seiner Gesamtheit erfaßt wurde. Berücksichtigt man für die Ackerflächen die nicht erfaßten 40 cm des Wurzelraumes mit zusätzlichen 30% der ermittelten Werte, so liegen die Mittelwerte für Getreide (77 kg N/ha) und Mais (86 kg N/ha) etwa 10% bis 20% niedriger als die im Bornhöveder Raum ermittelten. Wieder liegt der errechnete Mittelwert für die Rapsstandorte im Vergleich am höchsten, wenn auch wesentlich niedriger (91 kg N/ha) als der Vergleichswert für die Testflächen des Schwerpunktraumes. Die Grünlandstandorte weisen die niedrigsten Rest-N_{min}-Mengen auf (47 kg N/ha).

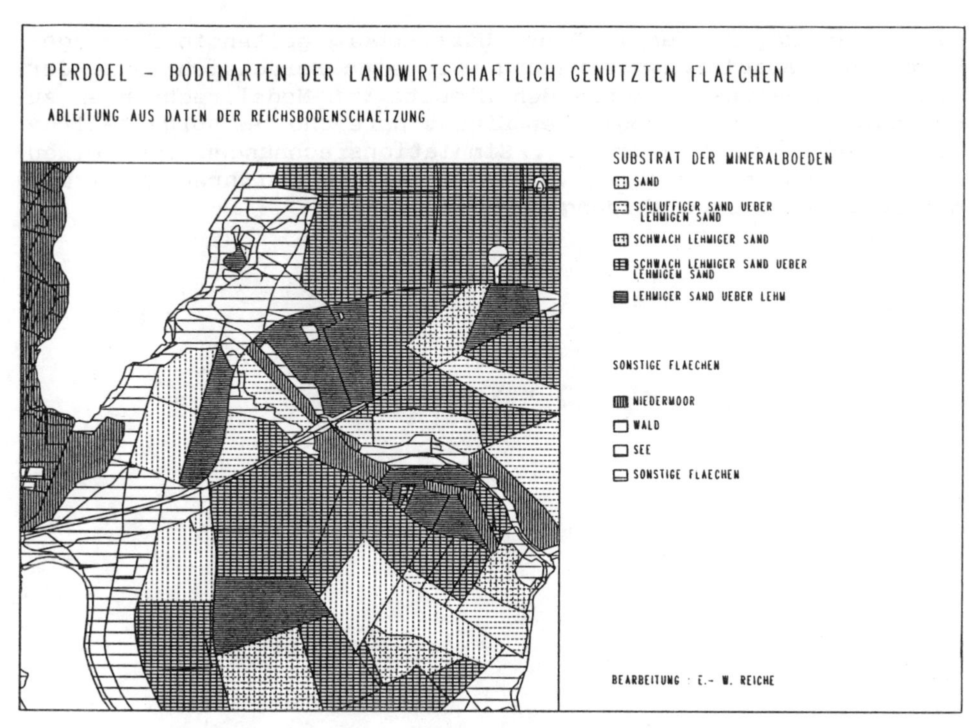

Abb. 57: Bodenarten der landwirtschaftlich genutzten Flächen (abgeleitet aus Daten der Bodenschätzung, Blatt Perdöl 1:5000)

Zusammenfassend ist festzustellen, daß die im Freiland gemessenen Gehalte an mineralisiertem Stickstoff im Durchschnitt weit höher liegen, als es angesichts des Trinkwassergrenzwertes für Nitrat zu tolerieren wäre. Auch unter Zugrundelegung einer für das Sickerwasser maximal zulässigen Nitratkonzentration von 90 mg NO_3/l liegen die Rest-N_{min}-Gehalte von Ackerflächen im Durchschnitt zu hoch. Anzustreben ist ein dem Standort angepaßter Ackerbau, wobei gezielte und maßvolle Düngungsmaßnahmen sowie eine auch ökologischen Ansprüchen gerecht werdende Fruchtfolgewahl im Vordergrund stehen müssen. Die Ergebnisse des Nitratkatasters der LANDWIRTSCHAFTSKAMMER SCHLESWIG-HOLSTEIN sowie die eigenen Meßergebnisse zeigen, daß es durchaus landwirtschaftlich genutzte Flächen gibt, bei denen der herbstliche Rest-N_{min}-Gehalt im tolerierbaren Bereich liegt.

Die Erstellung von Karten zur Kennzeichnung der tolerierbaren herbstlichen N_{min}-Gehalte kann Landwirten wertvolle Hinweise hinsichtlich eines sinnvollen Düngermitteleinsatzes liefern. Sie bieten darüber hinaus Informationen bei der Ausweisung von Trinkwasserschutzgebieten und könnten im Sinne eines verstärkten Gewässerschutzes bei der Umwidmung zu Extensivierungsflächen bzw. bei der Flächenstillegung berücksichtigt werden. Für den Fall einer Übertragung der in Baden-Württemberg geltenden Schutzgebiets- und Ausgleichsverordnung wäre eine Berücksichtigung der Standortverhältnisse durch den Einsatz von Modellrechnungen zu empfehlen. Für diese möglichen Einsatzbereiche des vorgestellten Verfahrens ist es notwendig, Simulationsrechnungen über einen repräsentativen Zeitraum (z.B. 20 Jahre) durchzuführen, um so die mittlere Standortgefährdung zu bestimmen.

6 Diskussion und Zusammenfassung

Aufbauend auf vorhandene Modellansätze (BENECKE 1984, DUYNISVELD 1984, FRÄNZLE et al. 1987, MÜLLER 1987, MÜLLER & REICHE 1988, HOFFMANN 1988) wurde ein Modellsystem entwickelt, welches die Bodenwasserdynamik und die Stickstoffdynamik in Böden beschreibt und flächenhaft bilanziert. Ein wichtiges Anliegen bei der Formulierung einzelner Teilmodelle war die Beschränkung auf wenige, möglichst allgemein und flächendeckend verfügbare Eingangsparameter bei ausreichender Aussagegenauigkeit. Anhand von durchgeführten Untersuchungen zum Wasser- und N_{min}-Gehalt verschiedener Böden mit unterschiedlicher Nutzung wurde die Validität der einzelnen Modellteile übeprüft. Um einen flächenhaften Modelleinsatz zu ermöglichen, wurden Verfahren zur Ableitung flächendeckender Modellparameter entwickelt, die in Verbindung mit dem "Geographischen Informationssystem" ARC INFO und dem Datenbanksystem DBASE größere Gebietssimulationen zulassen. Dabei werden die benötigten bodenphysikalischen Angaben auf der Basis der unterschiedlichen Informationsebenen der Bodenschätzung abgeleitet. Darüber hinaus wurde eine umfangreiche Fragebogenerhebung zur Erfassung der durch die Düngung erfolgten Stoffeinträge durchgeführt. Anhand von zwei Anwendungsbeispielen werden die Einsatzmöglichkeiten des Modellsystems vorgestellt.

Im folgenden sollen die wesentlichen Teilmodelle und wichtige Ergebnisse der Modellüberprüfung, der Parameterableitung sowie der flächenhaften Modellanwendung kurz dargestellt und diskutiert werden.

Die Beschreibung der Wasserbewegung in ungesättigten Böden erfolgt in Anlehnung an BENECKE (1984), DUYNISVELD (1984), MÜLLER (1987), FRÄNZLE et al. (1987) basierend auf dem DARCYschen Gesetz und der allgemeinen Bewegungsgleichung des Bodenwassers. Der Modellierung liegt ein Verfahren der "Finiten Differenzen" zugrunde. Da nur in seltenen Fällen die Saugspannungsfunktion und die Leitfähigkeitsfunktion für einzelne Bodenhorizonte bekannt sind, besteht die Möglichkeit, diese modellintern in Abhängigkeit von der Korngrößenverteilung und dem organischen Anteil bzw. in Abhängigkeit vom k_f-Wert anhand von Regressionsgleichungen abzuschätzen (REICHE 1985, MÜLLER 1987, FRÄNZLE et al. 1987). Allerdings ist dieses Ableitungsverfahren nicht auf Böden mit hohen Sandanteilen anwendbar.

Die potentielle Evapotranspiration wird nach dem HAUDE-Verfahren berechnet, wobei pflanzenspezifische Korrekturfaktoren (ERNSTBERGER 1987) eingesetzt werden. Die Interzeption wird in Abhängigkeit vom Blattflächenindex und der Niederschlagsintensität abgeschätzt. Die Berechnung der aktuellen Evapotranspiration erfolgt in Abhängigkeit vom berechneten Matrixpotential, der Durchwurzelungstiefe und -verteilung sowie der berechneten potentiellen Evapotranspiration.

Der Vergleich von Meß- und Simulationsergebnissen bezüglich der Wassergehalte 13 verschiedener Böden unter unterschiedlichen Nutzungen ergibt für die meisten Fälle eine zufriedenstellende Übereinstimmung. Es bleibt zu prüfen, ob durch die separate Berechnung der Interzeption, die für eine genaue Bilanzierung des Wasserhaushalts unumgänglich ist, eine Korrektur der eingesetzten pflanzenspezifischen Faktoren zur Berechnung der potentiellen Evapotranspiration nach HAUDE notwendig ist. Dies läßt sich anhand der durchgeführten Untersuchungen zum Wassergehalt in unterschiedlichen Bodentiefen nicht eindeutig entscheiden. Die für die 13 Standorte berechneten Wasserbilanzen weisen deutliche Unterschiede in Abhängigkeit von der Anbaufrucht und den Bodenverhältnissen auf. Die höchsten Sickerraten in 100 cm unter Flur werden für sandige Maisstandorte berechnet, die niedrigsten für einen tonreichen Grünlandstandort.

Bei der Modellierung des Stofftransports werden neben der konvektiven Verlagerung Diffusions- und Dispersionsprozesse in Anlehnung an DUYNISVELD (1984) berücksichtigt. In Abhängigkeit vom Ton-, Schluff- und organischen Kohlenstoffgehalt werden die Anteile an mobilem und immobilem Bodenwasser berechnet. Auf dieser Basis kann neben den De- und Adsorptionsmechanismen auch der Stoffaustausch zwischen unterschiedlichen Wasserfraktionen in Abhängigkeit vom Wassergehalt und Konzentrationsgefälle berücksichtigt werden (MÜLLER 1987, MÜLLER & REICHE 1988).

Die mikrobiologisch gesteuerten Prozesse des Stickstoffhaushalts werden durch Anbindung der von HOFFMANN (1988, 1990) entwickelten Teilmodelle berücksichtigt. Hierfür ist die Abschätzung der Bodentemperatur in unterschiedlichen Tiefen in Abhängigkeit von der Lufttemperatur (14 Uhr und Tagesminimum), dem Bodenwassergehalt und der stofflichen Zusammensetzung der Bodenmatrix berechnet nach dem 'Finite Elemente Verfahren' eine wichtige Voraussetzung. Die Bodentemperatur stellt zusammen mit dem Bodenwassergehalt die wichtigste Steuergröße bei der Berechnung der Mineralisierung, der Nitrifikation und der Denitrifikation dar. Der Stickstoffeintrag durch Wirtschaftsdünger (Gülle) wird durch ein Teilmodell (HOFFMANN 1988) berücksichtigt, in dem die Gülleversickerung, eine beschleunigte Mineralisation des organischen Stickstoffanteils und die Ammoniak-Emission beschrieben werden.

Der Vergleich zwischen den im Zeitraum von Januar 1988 bis Oktober 1989 durchgeführten N_{min}-Untersuchungen an 13 Standorten des Forschungsraumes "BORNHÖVEDER SEENKETTE" und Simulationsergebnissen weist für viele Testflächen gute Übereinstimmungen auf. Die einzelnen Abweichungen sind auf unterschiedliche Ursachen zurückzuführen. Die höchsten Differenzen zwischen Meß- und Modellergebnissen treten bei Oberböden auf, wenn die Ausbringung von Stickstoffdünger auf vorhandene Vegetationsdecken erfolgt. Es wird vermutet, daß dies auf die im Modell nicht berücksichtigte vorübergehende Festlegung von mineralisch ausgebrachtem Stickstoff einerseits, andererseits auf eine temporäre Erhöhung der Mineralisierungsaktivität zurückzuführen ist. Weitere Untersuchungen müssen diese Vorgänge klären, so daß sie in Abhängigkeit von entsprechenden Randbedingungen in die Modellierung aufgenommen werden können. Am Beispiel zweier im Sommer 1989 stattgefundener Starkregenereignisse wird deutlich, daß bei den Modellrechnungen die vertikale Verlagerung des im Bodenwasser gelösten Nitrats auf Sandböden überbewertet wird. Dies wird darauf zurückgeführt, daß ein großer Teil des Niederschlags sehr schnell durch Makroporen versickert, ohne daß es zur Einstellung eines Konzentrationsgleichgewichts zwischen Sickerwasser und den im immobilen Wasser gelösten Stoffanteilen kommt. Um diesen Sachverhalt bei der Modellierung einzubeziehen, erscheint die Anbindung eines Submodells zur Beschreibung des schnellen Wassertransports durch Makroporen (ROHDENBURG et al. 1986) als notwendig. Für Standorte mit tonreichen, wasserundurchlässigen Böden wird durch die Modellrechnung ein zeitweise zu hoher N_{min}-Anteil im Unterboden berechnet. Eine Ursache hierfür kann sein, daß die modellhafte Berechnung der Denitrifikation erst bei Bodenfeuchten oberhalb der Feldkapazität erfolgt. Notwendig wäre die differenzierte Betrachtung verschiedener Aggregatbereiche unterschiedlicher Durchfeuchtung und Sauerstoffversorgung (SMITH 1981). Darüber hinaus muß eine Einbeziehung der sogenannten "nicht austauschbaren Ammonium-Fraktion" erwogen werden (SCHERER 1989). Ein weiteres Problem bei der Modellierung des Stickstoffhaushalts stellt die Bestimmung des potentiell mineralisierbaren Anteils am Gesamtstickstoffgehalt des Bodens dar.

Bei der modellhaften Berechnung der herbstlichen N_{min}-Gehalte, die ein wichtiges Kriterium für die Vorhersage der winterlichen Nitratauswaschung darstellen, ergeben sich für 90 % der Modellergebnisse Abweichungen, die unter 30 kg N/ha liegen. Da es sich um intensiv genutzte Standorte handelt, bei denen der jährliche Stickstoffeintrag in der Regel über 300 kg N/ha liegt, können die Abweichungen toleriert werden, so daß die Modellanwendung im Sinne einer flächenhaften Bilanzierung des Stickstoffhaushalts als gerechtfertigt erscheint. Durch die geplante Präzisierung und Erweiterung einzelner Teilmodelle in den genannten Punkten soll die Aussageschärfe in Zukunft weiter erhöht werden.

Die nach Nutzungsunterschieden und Bodeneigenschaften differenzierte Auswertung der errechneten Stickstoffbilanzen bestätigt im wesentlichen die von verschiedenen Autoren aufgezeigten Abhängigkeiten. Die höchsten Sickerverluste werden mit 38 % des

Stickstoffeintrags für Maisstandorte errechnet, die niedrigsten für Grünlandstandorte.

Das Modellsystem wurde unter der Zielsetzung, flächenhafte Stoff- und Wasserbilanzen zu erstellen, um Teilmodule zur Berechnung des Oberflächenabflusses sowie zur Bilanzierung von Abflußmengen und Stofffrachten einzelner Vorfluter-Teilabschnitte erweitert. Um Modellrechnungen für eine größere Anzahl von Teilflächen durchführen zu können, werden Verfahren zur Ableitung flächendeckender Modellparameter beschrieben. Wichtige Instrumente bei der Verwaltung der großen Datenmengen stellen das "Geographische Informationssystem" ARC INFO sowie die Anbindung an ein Datenbanksystem dar. Hierdurch wird die Verwendung unterschiedlicher, in digitalen Karten verwalteter Informationsebenen möglich. Es können entsprechend der Nutzungs-, Boden- und Reliefverhältnisse Flächenverschneidungen vorgenommen werden, deren Ergebnis die Festlegung kleinster Geometrien homogener Variablenausprägung ist. Diese Flächen stellen die räumliche Basis für Gebietssimulationsläufe dar.

Da nur für Teilräume des Landes Schleswig-Holstein Bodenkarten im Maßstab 1:25.000 vorliegen, wurde auf der Grundlage des von CORDSEN (1989) ausgearbeiteten Verfahrens ein Computerprogramm entwickelt, welches die Angaben der Bodenschätzung in das Vokabular der wissenschaftlichen Bodenkunde übersetzt und wichtige bodenphysikalische Kenngrößen ableitet. In Verbindung mit dem "Geographischen Informationssystem" kann die Herstellung von Karten zur Kennzeichnung der Bodenarten und der Bodentypen sowie einzelner Bodeneigenschaften in automatisierter Form durchgeführt werden. Die Erstellung von Parameterdateien zur Steuerung von Gebiets-Simulationsläufen erfolgt weitgehend programmgesteuert. Das entwickelte Verfahren bietet die Möglichkeit, die in hoher räumlicher Auflösung flächendeckend für das Gebiet der Bundesrepublik vorliegenden Boden-Schätzdaten in einer praktikablen Weise zu nutzen. Es könnte einen wichtigen Beitrag bei der Erstellung eines flächendeckenden Boden-Informationssystems liefern.

Um bei der flächenhaften Berechnung von Stickstoffbilanzen im Forschungsgebiet "BORNHÖVEDER SEENKETTE" differenzierte Daten zur Stickstoffdüngung einzubeziehen, wurde in diesem Raum eine umfangreiche Fragebogenerhebung durchgeführt. Die Auswertungen, in die die Angaben von ca. 600 Einzelflächen eingingen, erfolgten in Hinblick auf die Erstellung von Parameterdateien, die den nach Kulturarten und Düngervarianten differenzierten Düngereintrag beinhalten.
Auf der Grundlage der so erhobenen und abgeleiteten Parameter werden zwei Beispiele für die regionalisierende Anwendung des Modellsystems vorgestellt. Anhand des ersten Beispiels wird ge-

zeigt, daß sich die gemessenen überdurchschnittlich hohen Nitratkonzentrationen eines kleinen, weitgehend aus oberflächennahem Grundwasser gespeisten Baches anhand von Modellrechnungen auf Düngereinträge zurückführen lassen. Es wird geprüft, ob die Nutzungsextensivierung von Teilflächen im Sinne eines Planungsszenarios zu einer ausreichenden Absenkung der Nitratkonzentrationen führt. Hier zeigen die Modellergebnisse, daß durch die geplanten Nutzungsänderungen die Nitratkonzentrationen im Sickerwasser und mit erheblicher zeitlicher Verzögerung auch im Grundwasser herabgesetzt werden. Die Berechnungen ergeben, daß die genannten Maßnahmen alleine nicht ausreichend sind, wenn die Herabsetzung der Nitratkonzentration des Baches unter einen für schleswig-holsteinische Gewässer geltenden Richtwert angestrebt ist. In einem zweiten Anwendungsbeispiel wird die standortabhängige Nitrat-Auswaschungsgefährdung der herbstlichen Rest-N_{min}-Gehalte landwirtschaftlich genutzter Mineralböden für ein Teilgebiet des Forschungsraumes "BORNHÖVEDER SEENKETTE" abgeschätzt. Es werden für den Simulationszeitraum (Oktober 1988 bis Februar 1989) Auswaschungsverluste berechnet, die zwischen 40 und 80% der herbstlichen N_{min}-Werte liegen. Die auf der Basis der Simulationsergebnisse unter Zugrundelegung des für Trinkwasser geltenden Nitratgrenzwertes errechneten tolerierbaren N_{min}-Gehalte liegen in dem Gebiet zwischen 25 und 50 kg N/ha und damit wesentlich niedriger, als die durch eigene Messungen ermittelten Werte.

Die Erstellung von Karten zur Kennzeichnung der tolerierbaren herbstlichen N_{min}-Gehalte kann Landwirten wertvolle Hinweise hinsichtlich eines sinnvollen Düngermitteleinsatzes liefern. Ein Einsatz des Modellsystems in unterschiedlichen Planungsbereichen ist denkbar. So könnten die Ergebnisse von Simulationsrechnungen beispielsweise bei der Ausweisung von Trinkwasserschutzgebieten, und im Sinne eines vestärkten Gewässerschutzes bei der Umwidmung zu Extensivierungsflächen bzw. bei der Flächenstillegung berücksichtigt werden. Durch Modellrechnungen könnten die Auswirkungen von landwirtschaftlichen Nutzungsänderungen (z.B. verstärkter Anbau von Mais oder Flachs) im Sinne eines Planungsszenarios vorausgeschätzt werden.

Das Modellsystem soll in Zukunft an weiteren Standorten validiert werden. Die Präzisierung bzw. Erweiterung einzelner Teilmodelle ist geplant. Insbesondere sollen die im Rahmen des Forschungsvorhabens "ÖKOSYSTEMFORSCHUNG IM BEREICH DER BORNHÖVEDER SEENKETTE" gewonnenen Erkenntnisse in die Weiterentwicklung mit einfließen. Damit wäre eine sinnvolle Verknüpfung zwischen der ökologisch ausgerichteten Grundlagenforschung und dem planungsorientierten Forschungsansatz "ERARBEITUNG UND ERPROBUNG EINER KONZEPTION FÜR DIE INTEGRIERTE REGIONALISIERENDE UMWELTBEOBACHTUNG AM BEISPIEL DES BUNDESLANDES SCHLESWIG-HOLSTEIN " hergestellt.

Literaturverzeichnis

ADDISKOTT, T. M. (1977): A simple computer model for leaching in structured soils. J. Soil Sci., 28, 554-563.

ADDISKOTT, T. M. (1983): Kinetics and temperature relationships of mineralization and nitrification in Rothamsted soils with differing histories. J. Soil Sci., 34, 343-353.

ADDISKOTT, T. M., ROSE, D.A., NOLTON, J.B. (1978): Chloride leaching in the Rothamsted draining gauges. Influence of rainfall pattern and soil structure. J. Soil Sci., 29, 305-314.

ALAERTS, M., BRADJI, M., FEYEN, J. (1985): Comparing the Performance of Root Water Uptake Models. Soil Science, 139(No 2), 289- 297.

ARBEITSGRUPPE BODENKUNDE der geologischen Landesämter u. der Bundesanstalt f. Geowissenschaften u. Rohstoffe in der Bundesrepublik Deutschland (1982): Bodenkundliche Kartieranleitung. Hannover.

BACH, M. (1987): Regional differenzierte Abschätzung des möglichen Beitrags der Landwirtschaft zur Nitrat-Belastung des Sickerwassers in der Bundesrepublik Deutschland. Mitteilgn. Dtsch. Bodenkundl. Gesellschaft, 55 II, 561-566.

BARNES, A., GREENWOOD, D.J., CLEAVER, T.J. (1976): A dynamic model for the effects of potassium and nitrogen fertilizers on the growth and nutrient uptake of crops. Soil Science, 86, 225-244.

BARSCH, D. (1978): Erläuterungen zur Geomorphologischen Karte 1:25000 der Bundesrepublik Deutschland. GMK 25 Blatt 1 1927 Bornhöved. Berlin.

BECHER, H. H. (1985): Mögliche Auswirkungen einer schnellen Wasserbewegung in Böden mit Makroporen auf den Stofftransport. Z. d. Deutschen Geol. Ges., 136 Teil 2, 303-309.

BECK, T. (1968): Mikrobiologie des Bodens. München, 1968.

Beck, T. (1983): Die N-Mineralisierung von Böden im Laborbrütversuch. Z. f. Pflanzenernährung u. Bodenkunde, 146, 243-252.

BEESE, F. (1982): Gesetzmäßigkeiten beim Transport gelöster Stoffe im Boden. Beiträge z. Hydrologie, Sonderheft(4), 267-300.

BEESE, F. (1986): Parameter des Stickstoffumsatzes in Ökosystemen mit Böden unterschiedlicher Azidität. Göttinger Bodenkundl. Ber., 9, 1-344.

BEESE, F. &. V. D. P., R.R (1978): Computermodelle in der Bodenhydrologie - Praktische Ansätze. Mitt.DT Bodenkundl. Gesell., 26 (135-172).

BEINHAUER, R. (1988): Klimatologische Einordnung des Unter suchungsraumes. Interne Mitteilungen, Ökosystemforschung im Bereich der Borhöveder Seenkette, Heft 2, 53-62.

BEINHAUER, R. (1989): Zusammenstellung der Pflanzenfaktoren nach Haude verschiedener Autoren; unveröffentlicht.

BENNE, I., HEINEKE, H.-J. (1987): Die Übersetzung der Boden schätzung und ihre digitale Bereitstellung in einem Boden informationssystem für den Umwelt- und Bodenschutz. Mitteilgn. Dtsch. Bodenkundl. Gesellsch., 53, 89-94.

BENNE, I., LAUKART, W., OELKERS, K.-H., SCHIMPF, W. (1983): Realisierung der DV-gestützten Herstellung bodenkundlicher Karten unter besonderer Berücksichtigung der Bodenschätzung. Geologisches Jahrbuch, A 70, 103-118.

BENECKE, P. (1984): Der Wasserumsatz eines Buchen- und eines Fichtenwaldökosystems im Hochsolling. Schriftenreihe aus der Forstl. Fak. d. Univ. Göttimgen u. d. Nieders. Versuchsanst., 77.

BEVEN, K. J., WARREN, R. & ZAOUI, J. (1980): SHE: towards a methodologie for physically-based distributed forecasting in hydrology. Hydrolocical Forecasting IAHS Publication, 129, 133-137.

BLUME, H.-P., SCHIMMING, C.G., WIESE, D., ZINGK, M. (1987): Wasser, Luft- und Nährstoffdynamik einer Knickmarsch unter Weidenutzung. Mitteilgn. Dtsch. Bodenkundl. Gesellsch., 55,II, 573-577.

BLUME, H. P., JAYAKODY, A.N., BECKER, K.W., MEYER, B. (1984): Nitratammonifizierung im Boden mit Abwasserverrieselung. Z. Pflanzenernähr. Bodenk., 147, 309-315.

BONAZOUNTAS, M., WAGNER, J.M. (1984): SESOIL: A Seasonal Soil Compartment Model. EPA.

BORK, H.-R. (1988): Bodenerosion und Umwelt. Verlauf, Ursachen und Folgen der mittelalterlichen und neuzeitlichen Bodenerosion. Bodenerosionsprozesse, Modelle und Simulationen. Landschaftsgenese und Landschaftsökologie, 13.

BORK, H.-R., ROHDENBURG, H. (1986): Transferable parameterization methods for distributed hydrological and agroecological catchment models. CATENA, 13, No. 1, 99-117.

BOSSEL, H. (1985): Umweltdynamik. München.

BOYSEN, P. (1977): Nährtsoffauswaschung aus gedüngten und ungedüngten Böden in Abhängigkeit von Standorteigenschaften und Nutzung der Moränen und Sandergebiete Schleswig-Holsteins. Dissertation, Kiel.

BOYSEN, P. (1981): Belastung der Gewässer durch Bodennutzung insbesondere durch Düngung. Berichte über Landwirtschaft 17 SH, 146-151.

BRAMM, A. (1981): Einfluß der Landwirtschaft auf die Gewässerqualität. Berichte über Landwirtschaft, 197, 162-186.

BRANDING, A. (1990): Untersuchungen zur Stickstoffdynamik. Diplomarbeit, (Universität Kiel).

BRAUN, G. (1975): Entwicklung eines physikalischen Wasserhaushaltsmodells für Lysimeter. Mitteilungen Lichtenweiß Institut f. Wasserbau d. T.U. Braunschweig, 49, 1-38.

BRECHTEL H.M., B., M.K., LEONHARDT, E. (1983): Chemische Beschaffenheit und Nährstofftransport von Bachwässern aus kleinen Einzugsgebieten unterschiedlicher Landnutzung im Nordhessischen Buntsandsteingebiet. DVWK Schriften, 57, 177-291.

BRUHM, I. (1990): Untersuchungen zur Qualität schleswig-holsteinischer Oberflächengewässer, Auswertung und Verknüpfung der Ergebnisse verschiedener Beurteilungsverfahren zur Bewertung der Gewässergüte. Dissertation, (Kiel).

BROWER, W: (1972): Handbuch des speziellen Pflanzenbaues. Berlin, Hamburg.

CORDSEN, E. (1990): Methoden der Auswertung der Bodenschätzungsunterlagen und Datenverarbeitung. (in Druck), Dissertation Univ. Kiel.

DRESSEL, J., GESCHWIND, S. (1984): Zur Nitratmobilität im Boden anhand von Lysimeterergebnissen und Profiluntersuchungen.

Landwirtschaftliche Forschung, 37 (Kongreßband).

DUYNISVELD, W. H. M. (1983): Entwicklung von Simulationsmodellen für den Transport von gelösten Stoffen in wasserungesättigten Böden und Lockersedimenten. Umweltforschungsplan des Bundes ministers des Innern: Forschungsbericht 102 02 303.

DUYNISVELD, W. H. M. (1984): Entwicklung und Anwendung von Simulationsmodellen für den Wasserhaushalt und den Transport von gelösten Stoffen in wasserungesättigten Böden - Ermittlung der Nitratauswaschungsgefahr unter Ackernutzung -. Dissertation Berlin.

DUYNISVELD, W. H. M., STREBEL, O. (1984): Tiefenverlagerung und Auswaschungsgefahr von Nitrat bei wasserungesättigten Böden in Abhängigkeit von Boden, Klima und Grundwasserflurabstand. Landwirtschaftliche Forschung 37, 1984, Kongreßband.

ENGELKE, R., FABREWITZ, S., LIETH, H., PIEHLER, H.,THOBER, B., UMBACH ,E., MEIß, K., KRAMER , M. (1987): Studie zum Osnabrücker Agrarökosystem Modell OAM für das landwirtschaftliche Intensivgebiet Südoldenburg (Ansätze zur Problembeurteilung "Nitratbelastung des Grundwassers"). Osnabrück.

ERNSTBERGER, H. (1987): Einfluß der Landnutzung auf Verdunstung und Wasserbilanz. Dissertation, (Gießen).

FLEISCHMANN, R., HACKER, E. & OELKERS, K.H. (1979): Vorschlag zu einem Übersetzungsschlüssel für die automatische bodenkundliche Auswertung der Bodenschätzung. Geologisches Jahrbuch, Reihe F, Bodenkunde, Heft 6.

FRÄNZLE, O. (1981): Erfassung von Ökosystemparametern zur Vorhersage der Verteilung von neuen Chemikalien in der Umwelt. Umweltforschungsplan des Bundesministers des Innern: Forschungsbericht 106 02 015. Berlin.

FRÄNZLE, O. (1982): Modellversuche über die Passage von Umweltchemikalien und ihrer Metabolite durch die ungesättigte Zone natürlicher Bodenprofile sowie durch Bodenschlämme in Laborlysimetern und im Freiland. Umweltforschungsplan des Bundesministers des Innern: Forschungsbericht 106 02 005/02. Berlin.

FRÄNZLE, O., BRUHM, I., GRÜNBERG, K.-U., JENSEN-HUSS, K., KUHNT, D., KUHNT, G., MICH, N., MÜLLER, F., REICHE, E.-W. (1987): Darstellung der Vorhersagemöglichkeiten der Bodenbelastung durch Umweltchemikalien. Umweltforschungsplan des Bundesministers für Umwelt, Naturschutz und Reaktorsicherheit: Forschungsbericht 106 05 026. Berlin.

FRÄNZLE, O., AUßENTHAL, R., BRUHM, I.,JENSEN-HUß, K., KLEIN, A., REICHE, E.-W., REIMERS, T., ZÖLITZ, R. (1987): Erarbeitung und Erprobung einer Konzeption für die integrierte regionalisierende Umweltbeobachtung am Beispiel des Bundeslandes Schleswig-Holstein (Umweltforschungsplan des Bundesministers für Umwelt, Naturschutz und Reaktorsicherheit (Erster Zwischenbericht)), Kiel.

FRÄNZLE, O., AUßENTHAL, R., BRUHM, I.,JENSEN-HUß, K., KLEIN, A., REICHE, E.-W., REIMERS, T., ZÖLITZ, R. (1988): Erarbeitung und Erprobung einer Konzeption für die integrierte regionalisierende Umweltbeobachtung am Beispiel des Bundeslandes Schleswig-Holstein (Dritter Zwischenbericht) (Bundesforschungsplan des BMU), Kiel.

FRÄNZLE, O., AUßENTHAL, R., BRUHM, I.,JENSEN-HUß, K., KLEIN, A., REICHE, E.-W., REIMERS, T., ZÖLITZ, R. (1989): Erarbeitung und Erprobung einer Konzeption für die integrierte regionalisierende Uweltbeobachtung am Beispiel des Bundeslandes Schleswig-Holstein (Vierter Zwischenbericht) (Umweltforschungsplandes-Bundesministers für Umwelt, Naturschutz und Reaktorsicherheit). Kiel.

FREYTAG, H., RAUSCH, H. (1981): Zeitliche Veränderung des löslichen Stickstoffs im Boden nach Zusatz verschiedener organischer Dünger im Feldmodellversuch ohne Bewuchs. Arch. Acker- und Pflanzenbau und Bodenkunde, 25, 445-450.

FRISSEL, M. J., REINIGER, P. (1974): Simulation of accumulation and leaching in soils. Plant and Soil, 33, 161-176.

GARNIEL, A. (1988): Morphogenetische Entwicklung im Bereich der Bornhöveder Seenkette. Interne Mitteilungen, Ökosystemforschung im Bereich der Bornhöveder Seenkette, Heft 2, 40-52.

GARNIEL, A. (1988): Geomorphologische Detailaufnahme des Blattes L 1926 Bordesholm (Schriftl. Hausarbeit z. wissensch. Prüfung für das Lehramt an Gymnasien). Geogr. Instit. Univ. Kiel.

GEIGER, R. (1961): Das Klima der bodennahen Luftschicht. Braunschweig.

GERTH H., EHMCKE, V. (1988): Nitrat im Sickerwasser unter Düngungsvarianten im Futterbau und Bedeutung der Denitrifika tion. Betriebswirtsch. Mitteilungen der Landwirtschaftskammer Schleswig-Holstein, 405, 31-38.

GÖK, M., OTTOW, J.C.G. (1987): Einfluß von Sauerstoff auf die Intensität und Gaszusammensetzung der Denitrifikation in einem mit Stroh gedüngten Boden. Mitteilgn. Dtsch. Bodenkundl. Gesellsch., 55/II, 487-492.

GREEN, R.E. (1974): Pesticide-Clay-Water-Interactions. In:Guenzi, W.D. (Hrsg.): Pesticides in soil and water. S. 3-37

HAGIN, J., AMBERGER, A. (1974): Contribution of fertilizers and manures to the N- and P-load of waters. A computer simulation. Report Deutsche Forschungsgemeinschaft.

HANSEN, S., ASLYNG, H.C. (1984): Nitrogen balance in crop production. Simulation model NITCROS. Hydrotechn. Lab., Roy. Vet. Agric. Univ. Copenhagen.

HARRACH, T. (1978): Die Durchwurzelbarkeit von Böden als wichtiges Kriterium des Ertragspotentials. Kali-Briefe, 14(115-122).

HARRACH, T., KUNZMANN, G. (1982): Wurzelverteilung von Grünlandgesellschaften in verschiedenen Böden unterschiedlichen ökologischen Feuchtegrades. In: BÖHM, W., KUTSCHERA, L., LICHTENEGGER, E. (Hrsg.): Wurzelökologie u. ihre Nutzanwendung. Irding.

HARTGE, K. H., BOHNE, H., EXTRA, M. (1985): Die Bestimmung der Wasserspannungskurve aus Körnungssummenkurven und Porenvolumen mittels Nomogrammen. Zeitschrift f. Kulturtechnik u. Flur bereinigung, 27, 83-87.

HAUDE, W. (1954): Zur praktischen Bestimmung der aktuellen u. potentiellen Evaporation und Evapotranspiration. Mitt. d. DWD, 8 (Bad Kissingen).

HEGER, K. (1978): Bestimmung der potentiellen Evapotranspiration über unterschiedlichen landwirtschaftlichen Kulturen. Mitteilgn. Dt. Bodenk. Gesellschaft, 26, 21-40.

HEGER, K., Buchwald., K.D. (1980): Vorstudie über die Ermittlung des Beregnungsbedarfes im Hessischen Ried. Deutscher Wetterdienst, Abt. Agrarmeteorologie, Offenbach(unveröffentlicht).

HEINICKE, H.-J., KLEEFISCH, B. & OLKERS, K.-H. (1987): Entwicklungstendenzen bei der rechnergestützten Konstruktion großmaßstäbiger Karten am Beispiel Niedersachsens. Mitteilgn. Dsch. Bodenkundl. Gesellschaft, 53, 35-38.

HERRMANN, R., EIDEN, R., HORN, R., ZWÖLFER, H. (1986): Vergleichende Untersuchungen zur Mobilität von organischen Umweltchemikalien in und zwischen verschiedenen Kompartimenten eines

Ökosystems. Umweltforschungsplan des Bundesministers des Innern, Forschungsbericht 106 04 023, Berlin.

HEYNINGEN-HUENE, J. F. V. (1983): Die Interzeption des Niederschlags in landwirtschaftlichen Pflanzenbeständen. Schriften reihe des Deutschen Verbandes für Wasserwirtschaft und Kulturbau e.V.,1-54.

HIEBNER, T. (1985): Geomorphologische Detailaufnahme des TK 25 Blattes 1827 Stolpe. Schriftl. Hausarbeit zur wissensch. Prüfung für das Lehramt an Gymnasien; Geogr. Institut d. Univ. Kiel.

HÖLTING, B. (1989): Hydrogeologie - Einführung in die allgemeine und angewandte Hydrogeologie. Stuttgart.

HOFFMANN, F. (1988): Ergebnisse von Simulationsrechnungen mit einem Bodenstickstoffmodell zur Düngung und zum Zwischenfrucht bau in Trinkwasserschutzgebieten. Z. Pflanzenernähr. Bodenk., 151, 281-287.

HOFFMANN, F. (1990): WATNIT Ein Modell zur Beschreibung des Stickstoffhaushaltes in Böden. unveröffentlicht.

HOFFMANN, F. (1990): Ein Modell für die Umsetzung der Gülle in und auf dem Boden Interne Mitteilungen "Ökosystemforschung im Bereich der Bornhöveder Seenkette", 4, 33-61.

HOFFMANN F. (1989): Modellierung des Stickstoffhaushaltes in Agrarökosystemen Literaturübersicht. Interne Mitteilungen "Ökosystemforschung im Bereich der Bornhöveder Seenkette", 4, 285-291.

HORNUNG, U., MESSING, W. (1984): Poröse Medien. Methoden und Simulation. Kirchzarten, Beiträge zur Hydrologie.

HOYNINGEN-HUENE, J. F. V. (1983): Die Interzeption des Niederschlags in landwirtschaftlichen Pflanzenbeständen. Schriftenreihe des Deutschen Verbandes für Wasserwirtschaft und Kulturbau e.V., 57, 1-53.

HOYNINGEN-HUENE, J. V., Braden, H. (1978): Bestimmung der aktuellen Evapotranspiration landwirtschaftlicher Kulturen mit Hilfe mikrometeorologischer Ansätze. Mitteilgen Dtsch. Bodenkundl. Gesellsch., 26, 5-20.

HUNT, H. W., ADAMSEN, F.J. (1985): Empirical Representation of Ammonium in two Soils. Soil Science, 139 (No. 2), 205-211.

HUWE, B., VAN DER PLOEG, R.R. (1987): Erfahrungen und Probleme bei der Simulation des N.-Haushalts verschieden genutzter Standorte Baden Würtembergs. Mitteilgn. Dtsch. Bodenkundl. Gesellschaft, 55 I, 181-186.

JONES, C. A., KINIRY, J.R. (Eds.) (1986): CERES-Maize. A simulation model of maize growth and development. Texas A&M University Press, College Station.

JONES, L. W. (1974): Effect of soil depth on denitrification. J. Soil Sci., 118, 280-281.

JUNIUS, H. (1988): Planungskartographie: ARC/INFO ein wirksames Hilfsmittel beim Aufbau von Planungsinformationssystemen. Kartographische Nachrichten, 3/88, 105-113.

KERSEBAUM, K. C., RICHTER, J. (1985): Simulation der Stickstoff dynamik von Ackerstandorten unterschiedlicher Bodenart und Bewirtschaftung. Mitteilgen Dtsch. Bodenkundl. Gesellsch., 43/II, 649-654.

KERSEBAUM, K. C., RICHTER, J., UTERMANN, J. (1987): Die Simulation der Stickstoffdynamik von Ackerböden unter Getreidevegetation. Mitteilgn. Dtsch. Bodenkundl. Gesellsch., 55/II, 613-618.

KEVIN, K., MC LEAN, E.O. (1985): Improved Corrective Fertilizer-Recommendations based on two-step alternative usage of Soil Tests: 4. Studies of Field Plot Samples. Soil Science, 139, 131-138.

KIRBY, J. M. (1985): A Note on the Use of a simple Numerical Model for Vertical Unsaturated Fluid flow. Soil Science, 139 (No 2), 248-253.

Klapp, K. (1967): Lehrbuch des Acker- und Pflanzenbaues. Berlin, Hamburg.

KNISEL, W. G. (Ed.) (1985): CREAMS - A field-scale model for chemicals, runoff and erosion from agricultural mangement systems. USDA, Conserv. Res. Rep. 26.

KÖHNLEIN, J., KNAUER, N. (1958): Wasser- und Nährstoffbewegung aus der Ackerkrume in den Unterboden. Z. f. Pflanzenernährg, Düngg., Bodenkunde, 109, 1-17.

KÖHNLEIN, J., OEHRING, M., SPIELHAUS, G. (1966): Nährstoffauswaschung aus der Ackerkrume von sechs schleswig-holsteinischen Böden in den Unterboden. Zeitschrift für Pflanzenbau und Pflanzenzüchtung, 124, 212-233.

KÖHNLEIN, J., VETTER, O. (1953): Verteilung der Wurzelmasse innerhalb der obersten 45 cm in holsteinischen Lehmböden. Zeitschrift für Pflanzenbau u. Pflanzenzüchtung.

KÖNNECKE, K.-W. (1967): Sandfreie Wurzelmasse und Wurzeltiefen unterschiedlicher Getreidearten; in: BROWER (1972): Handbuch des speziellen Pflnazenbaus 1. Berlin, Hamburg.

KRÄMER, F. (1984): Stickstoffaustrag mit dem Sickerwasser aus der Feldlysimeteranlage Kirchhoven. Landwirtschaftliche Forschung 37, Kongreßband 1984.

KRÜLL, H. (1987): Möglichkeiten zur Erstellung einer Stickstoffbilanz in den Kreisen der BRD. Forschungsgesellschaft für Agrarpolitik und -soziologie, (Bonn).

KUNDLER, P. (1969): Schlußfolgerungen aus neuen Ergebnissen der Grundlagenforschung für die Anwendung der Stickstoffdüngemittel. Feldwirtschaft, 504-506.

LANDWIRTSCHAFTSKAMMER SCHLESWIG-HOLSTEIN (1987): Richtwerte für die Düngung. Kiel.

LANDWIRTSCHAFTSKAMMER SCHLESWIG-HOLSTEIN (1990): Richtwerte für die Düngung; Kiel.

LEHNHARDT, F., BRECHTEL, H.M., BONESS, M. (1983): Chemische Beschaffenheit und Nährstofftransport von Bachwässern aus kleinen Einzugsgebieten unterschiedlicher Landnutzung im Nordhessischen Buntsandsteingebiet. Schriftenreihe des Deutschen Verbandes für Wasserwirtschaft und Kulturbau e.V., 57, 177-298.

LEISTRA, M., SMELT, J.H. (1981): Computer simulation of leaching aldicarp residues from arablesoils in winter. Studies in Environ. Sc., Vol., 17.

LEITUNGSGREMIUM DER ÖKOSYSTEMFORSCHUNG IM BEREICH DER BORNHÖVEDER SEENKETTE (Hrsg.) (1989): Exkursionsführer. Interne Mit teilungen, Sonderheft 2.

MARX, S. (1990): Untersuchungen zur mikrobiellen Aktivität landwirtschaftlich genutzter Böden, Diplomarbeit Univ. Kiel.

MATHIES , M., BERENDT, H., MÜNZER, B. (1987): EXSOL, Modell für den Transport und Verbleib von Stoffen im Boden. Gesellschaft für Strahlen- und Umweltforschung München, GSF-Bericht 32.

MATTHEß, G. (1990): Die Beschaffenheit des Grundwassers. Berlin, Stuttgart.

MENGEL, K., SCHMEER, H. (1985): Effect of straw, cellulose and lignin on the turnover and availability of labelled ammonium nitrate. Biol. Fertil. Soils, 1, 175-181.

MÜLLER, F. (1987): Geoökologische Untersuchungen zum Verhalten ausgewählter Umweltchemikalien im Boden. Dissertation Univ. Kiel.

MÜLLER, F., REICHE., E.-W. (1989): Ein Modell zur Beschreibung der Wasser- und Stoffdynamik im Boden. Interne Mitteilungen "Ökosystemforschung im Bereich der Bornhöveder Seenkette", 4, 1-18.

NIEDER, R. (1987): Die Stickstoff-Immobilisation in Lößböden. Dissertation Universität Hannover.

NIEDER, R., RICHTER, J. (1987): Bilanzierung des Dünger-Stickstoffs während der Vegetationszeit des Winter-Weizens 1984/85 in einer Braunerde aus Löß. Mitteilgn. Dtsch. Bodenkundl. Gesellschaft, 55 II, 511-516.

OBERMANN, P. 1. (1981): Hydrochemische/ hydromechanische U Untersuchungen zum Stoffgehalt von Grundwasser bei landwirtschaftlicher Nutzung. Besondere Mitteilungen z. Deutschen Gewässerkundlichen Jahrbuch, 42, 1-217.

OELKERS, K.-H., SCHIMPF, U., & LÜDERS, R. (1983): Analyse eines Arbeitsflusses zur DV-technisch gestützten Herstellung von B Bodenkarten. Geol. Jb. A, 70 (87-101).

OSTERTAG, S., ECK-DÜPONT, M (1989): Herkunft, Wege und Verbleib von Stickstoff in Oberflächengewässern. Kassel: Umweltforschungsplan des Bundesministers für Umwelt, Naturschutz und Reaktorsicherheit.

OTTOW, J. C. &. M., J.C. (1987): Einfluß von Bodenfeuchte und Sauerstoff auf die Lachgasbildung denitrifizierender Bakterien. Mitteilgn. Dtsch. Bodenkundl. Gesellsch., 55 II, 505-510.

PATRON, J., LOGON, J.A (1980): A Model for Diurnal Variation in Soil and Air Temperature. Agricultural Meteorology, 23 (205-216).

PENNING DE VRIES & VAN LAAR, H. H. (1982): Simulation of plant growth and crop production. Wageningen.

PIEHLER, H., LIETH, H. (1987): Das Osnabrücker Agrarökosystem-Modell / Ansätze zur Problembeurteilung "Nitratbelastung des Grundwassers" mit ökonomischen und ökologischen Modellen. DEUTSCHES NATIONALKOMITEE MAB (26).

PIETSCH, J. (1983): Bewertugssystem für Umwelteinflüsse - Nutzungs- und wirkungsorientierte Belastungsermittlungen auf ökologischer Grundlage. Universität Essen.

REGER, G. (1982): Freisetzung und Zufuhr von Nährstoffen durch die Bodennutzung in ihrer Wirkung auf den Landschaftshaushalt. DISSERTATION, (GIEßEN).

REICHE, E.-W. (1985): Untersuchungen zur Schwermetalldynamik in Agrarökosystemen unter besonderer Berücksichtigung der Eintragsarten. Diplomarbeit Kiel.

REIMERS, T. (1990): Ausweisung von Extensivierungsflächen im Bereich der Schmalenseefelder Au; mündliche Mitteilung, Univer sität Kiel.

RICHTER, G. (1987):Die Bedeutung der Denitrifikation im Stickstoffumsatz von Niedermoorböden. Dissertation. Göttingen 169 S..

RITCHIE, J. T. (1985): A user-oriented model of the soil water balance in wheat. In: W. Day Atkinson, R.K. (Hg.), Wheat growth and modeling. NATO ASI Series, New York, Plenum Publ. Corp.

RITCHIE, J. T. (1986): CERES-Wheat nitrogen model. FORTRAN-Programm.

ROHDENBURG, H., DIEKKRÜGER,B., BORK, H.-R. (1986): Deterministic Hydrological Site and Catchment Models for The Analysis of Agroecosystems. Catena, 13, 119-137.

ROLSTON, D. E., BROADBENT, F.E. (1977): Field measurement of denitrification. EPA - 600/2-77-23 US E.P.A. Ada, Oklahoma, 75.

ROLSTON, D. E., FRIED, M., GOLDHAMER, D.A. (1976): Denitrifica tion measured directly from Nitrogen and nitrous oxide gas fluxes. J. Soil Sci. Soc. Amer., 40, 259-266.

SCHACHTSCHABEL, P. (1961): Fixierung und Nachlieferung von Kalium und Ammonium Ionen. Beurteilung und Bestimmung des Kaliumversorguungsgrades von Böden. Landwirtsch. Forschung, 14, 29-47.

SCHEFFER, B. (1977): Zur Frage der Stickstoffumsetzung in Niedermoorböden. Landwirtsch. Forschung, Sonderheft 33/II, 20.

SCHERER, H. W. (1989): Dynamik und Pflanzenverfügbarkeit von Zwischenschichtammonium der Tonminerale in landwirtschaftlich genutzten Böden. Habilitationsschrift, (Gießen).

SCHIMMING, C.-G., WIESE, D., ZINGK, M., BLUME, H.-P.,LAMP,J. (1985): Wasser-und Stickstoffdynamik charakteristischer Böden Schleswig-Holsteins. Miteilgn.Dtsch.Bodenkundl. Gesellsch., 43/ I(459-464).

SCHMEER, H., MENGEL, K. (1984): Der Einfluß der Strohdüngung auf die Nitratgehalte im Boden im Verlaufe der Wintermonate. Landwirtsch. Forsch. 37, Kongreßband.

SCHMID, G. (1980): Seepage Flow in Extremly Thin Aquifers. Preceedings of the 3rd International Conference on Finite Elements in Water Recources.

SCHOLLMEYER, G., NIEDER, R. (1988): Bedingungen und Ausmaße denitrifikativer Stickstoffverluste aus dem durchwurzelbaren Bereich landwirtschaftlich genutzter Böden. Mitteilgn. Dtsch. Bodenkundl. Gesellsch., 57, 223-228.

SCHROEDTER, H. (1985): Verdunstung: Anwendungsorientierte Meßverfahren und Bestimmungsmethoden.. Berlin, Heidelberg, New York, Tokio.

SCHULTE-KELLINGHAUS, S., ZAKUSEK, H. (1988): Mikrobiologische Untersuchungen zur Denitrifikation in der ungesättigten Zone von Sandböden. Mitteilgn. Dtsch. Bodenkundl. Gesellsch., 57, 229-234.

SCHWERTMANN, V. (1980): Stand der Erosionsforschung in Bayern. Daten und Dokumente zum Umweltschutz, Sonderreihe Umwelttagung Universität Hohenheim, 95-105.

SELIM, H.M., ISKANDER, I.K . (1981): Modelling Nitrogen Transport and Transformations in soils. Theoretical Consideration (Ma thematical), Soil Science (USA), Vol. 131(4), (233-241)

SEVERIN, K., FÖRSTER, P. (1988): Standortspezifische Nitrat- und Ammoniumuntersuchungen in Niedersachsen von 1985-1988. Mitteilgn. Dtsch. Bodenkundl. Gesellsch., 57, 113-118.

SMITH, K. A. (1981): A model of denitrification in aggregated soils. In: M. F. Frissel van Veen, J.A. (Hg.), Simulation of nitrogen bahaviour of soil-plant systems. Pudoc Wageningen.

SOKOLLEK, V. (1983): Der Einfluß der Bodennutzung auf den Wasserhaushalt kleiner Einzugsgebiete in unteren Mittelgebirgslagen. Dissertation Gießen.

SOMMER, C. BRAMM., A. (1978): Wasserverbrauch und Pflanzenwachstum bei Zuckerrüben in Abhängigkeit von der Wasserversorgung. Landbauforschung Völkenrode, 28(151-158).

SONTHEIMER, H., ROHMANN, U. (1986): Anforderungen an ein wirksames Wasserschutzkonzept zur Vermeidung der Nitratbelastung auf der Basis von Bodengrenzwerten für Nitrat und damit gekoppelten Ausgleichsleistungen an die Landbewirtschafter. Bericht der DVGW - Forschungsstelle am Engler-Bunte-Institut der Universität Karlsruhe.

SONTHEIMER, R. (1985): Nitrat im Grundwasser. Karlsruhe.

SPONAGEL, H. (1980): Zur Bestimmung der realen Evapotranspiration landwirtschaftlicher Kulturpflanzen. Geologisches Jahrbuch, Reihe F.

SPRINGOB, G., ANLAUF, R., KERSEBAUM, K.C., RICHTER, J. (1985): Räumliche Variabilität von Bodeneigenschaften und Nährstoff gehalten zweier Schläge auf Löß-Parabraunerden. Mitteilgn. Dtsch. Bodenkundl. Gesellsch., 43/II, 691-696.

STANFORD, G., SMITH, S.J. (1972): Nitrogen mineralization potentials of soils. Soil Sci. Soc. America Proc., 36, 465-472.

STANFORD, G., VAN DER POL, R.A., DZIERNA, S.T. (1975): Denitrification rates in relation to total and extractable soil carbon. Soil Sci. Soc. America Proc., 1975, 39, 284-289.

SYRING, K. H., SAUERBECK, D. (1984): Ein Modell zur Beschreibung der Stickstoffdynamik in Böden. Landw. Forsch., Kongreßband, 445-452.

SYRING, K. M. (1988): Modellierung der N-Dynamik. Forschungs bericht 1986-88, Wasser- und Stoffdynamik in Agrarökosystemen, Sonderforschungsbereich 179. Univ. Braunschweig.

TIEDJE, J. M., SEXTONE, A.J.,PARKIN,T.B., REVSBECH, N.P. (1984): Anaerobic prozesses in soil. PLANT and SOIL, 76, 197-212.

TIMMERMANN, F. (1981): Stickstoffauswaschung und Verhütungsmaßnahmen. Berichte über Landwirtschaft, 117, 135-146.

VAN DER PLOEG, R. R., HUWE, B. (1988): Die Bedeutung von herbstlichen N.min-Werten für die winterlichen Nitratausträge.

Mitteilgn. Dtsch. Bodenkundl. Gesellsch., 57, 89-94.

VAN GENUCHTEN, M. T. (1980): A closed form equation for predicting the hydraulic conductivity of unsaturated soils. Soil Sci. Soc. of Am. J., 44/5(892-898).

VAN GENUCHTEN, M.T., WIERENGA, P.J., O' CONNOR, G.A. (1977): Mass Transfer Studies in sorbing Porous Media. III. Experimental Eluation with 2,4,5- T. Soil Sci. Soc. Am. J., Vol. 41(2), S. 278-285

VAN PRAAG, H. J., FISCHER, V., RIGA, A. (1980): Fate of fertilizer nitrogen applied to winter wheat as Na(15)NO3 and (15)CNH4(SO4) studied in microplots through a four course rotation. 2. Fixed ammonium turnover and nitrogen reversion. J. Soil Sci., 130, 100-105.

VENEBRUEGGE, G. (1988): Charakterisierung des Untersuchungsraums. Interne Mitteilungen, 2, 2-39.

VENEBRÜGGE, G. (1988): Analyse des ökologischen Hauptforschungs raumes "Bornhöveder Seengebiet" mittels eines Geographischen Informationssystems. Schriftl. Hausarbeit zur wissenschaftl. Prüfung für das Lehramt an Gymnasien, Geogr. Inst. Univ. Kiel.

VILLSMEYER, K., AMBERGER, A. (1981): Modellversuche zur Mineralisation verschiedenen Pflanzenmaterials in Abhängigkeit von der Temperatur. Landwirtsch. Forschung, 34.

VILSMEIER, K., AMBERGER, A. (1982): Mineralisierung von (15)N-Düngerstickstoff aus Wurzelrückständen und Boden. Landwirt schaftl. Forsch., 35, 146-150.

VINKEN, R., OELKERS, K.-H., ECKELMANN, W. (1988): Bodeneigen schaften, Profil- und Flächenvariabilität - Einfluß auf die Wasser- und Stoffdynamik von Böden. Forschungsbericht 1986-88, Wasser- und Stoffdynamik in Agrarökosystemen Sonderforschungsbereich 179. Univ. Braunschweig.

VÖMEL, A. (1966): Der Versuch einer Nährstoffbilanz am Beispiel verschiedener Lysimeterböden. Z. Acker- und Pflanzenbau, 123.

VOLZ, M. G., ARDAKANI, M.S., SHULZ, R.K., STOLZY, L.H., MC LAREN, A.D. (1976): Soil nitrate losses during irrigation: Enhancement by plant roots. Agron, 68, 621-627.

WELTERS, A. (1989): Umwelterhebung im Bornhöveder Seengebiet unter Anwendung eines Geographischen Informationssystems (Diplomarbeit). Kiel.

WIERENGA, P. J. (1977): Solute Distributions Profiles Computed with Steady State and transient Water Movement Models. Soil. Sci. Soc. Am. J., 41, 1050-1055.

WISCHMEIER, W., SMITH, D.D. (1978): Predicting rainfall erosion losses - A guide to coservation planning - U.S. Dept. Agric. Handbook, 537.

WOHLRAB, B. (1981): Bodennutzung und Grundwassergüte - Konsequenzen für Wasserschutz- und Wasserschongebiete. Berichte über Landwirtschaft, 197 SH, 152-161.

WOHLRAB, B., SOKOLLEK, V., SÜSSMANN, W. (1983): Einfluß land- und forstwirtschaftlicher Bodennutzung sowie von Sozialbrache auf die Wasserqualität kleiner Bachläufe im ländlichen Mittelgebirgsraum. Schriftenreihe des Deutschen Verbandes für Wasserwirtschaft und Kulturbau e.V., 57, 55-176.

WOHLRAB, B., SÜßMANN W., SOKOLLEK, V. (1983): Einfluß land- und forstwirtschaftlicher Bodennutzung sowie von Sozialbrache auf die Wasserqualität kleiner Wasserläufe im ländlichen Mittel gebirgsraum. DVWK SCHRIFTEN, 57, 57-172.

Band IX

*Heft 1 S c o f i e l d, Edna: Landschaften am Kurischen Haff. 1938.

*Heft 2 F r o m m e, Karl: Die nordgermanische Kolonisation im atlantisch-polaren Raum. Studien zur Frage der nördlichen Siedlungsgrenze in Norwegen und Island. 1938.

*Heft 3 S c h i l l i n g, Elisabeth: Die schwimmenden Gärten von Xochimilco. Ein einzigartiges Beispiel altindianischer Landgewinnung in Mexiko. 1939.

*Heft 4 W e n z e l, Hermann: Landschaftsentwicklung im Spiegel der Flurnamen. Arbeitsergebnisse aus der mittelschleswiger Geest. 1939.

*Heft 5 R i e g e r, Georg: Auswirkungen der Gründerzeit im Landschaftsbild der norderdithmarscher Geest. 1939.

Band X

*Heft 1 W o l f, Albert: Kolonisation der Finnen an der Nordgrenze ihres Lebensraumes. 1939.

*Heft 2 G o o ß, Irmgard: Die Moorkolonien im Eidergebiet. Kulturelle Angleichung eines Ödlandes an die umgebende Geest. 1940.

*Heft 3 M a u, Lotte: Stockholm. Planung und Gestaltung der schwedischen Hauptstadt. 1940.

*Heft 4 R i e s e, Gertrud: Märkte und Stadtentwiklung am nordfriesichen Geestrand. 1940.

Band XI

*Heft 1 W i l h e l m y, Herbert: Die deutschen Siedlungen in Mittelparaguay. 1941.

*Heft 2 K o e p p e n, Dorothea: Der Agro Pontino-Romano. Eine moderne Kulturlandschaft. 1941.

*Heft 3 P r ü g e l, Heinrich: Die Sturmflutschäden an der schleswig-holsteinischen Westküste in ihrer meteorologischen und morphologischen Abhängigkeit. 1942.

*Heft 4 I s e r n h a g e n, Catharina: Totternhoe. Das Flurbild eines angelsächsischen Dorfes in der Grafschaft Bedfordshire in Mittelengland. 1942.

*Heft 5 B u s e, Karla: Stadt und Gemarkung Debrezin. Siedlungsraum von Bürgern, Bauern und Hirten im ungarischen Tiefland. 1942.

Band XII

*B a r t z, Fritz: Fischgründe und Fischereiwirtschaft an der Westküste Nordamerikas. Werdegang, Lebens- und Siedlungsformen eines jungen Wirtschaftsraumes. 1942.

Band XIII

*Heft 1 T o a s p e r n, Paul Adolf: Die Einwirkungen des Nord-Ostsee-Kanals auf die Siedlungen und Gemarkungen seines Zerschneidungsbereichs. 1950.

*Heft 2 V o i g t, Hans: Die Veränderung der Großstadt Kiel durch den Luftkrieg. Eine siedlungs- und wirtschaftsgeographische Untersuchung. 1950. (Gleichzeitig erschienen in der Schriftenreihe der Stadt Kiel, herausgegeben von der Stadtverwaltung.)

*Heft 3 M a r q u a r d t, Günther: Die Schleswig-Holsteinische Knicklandschaft. 1950.

*Heft 4 S c h o t t, Carl: Die Westküste Schleswig-Holsteins. Probleme der Küstensenkung. 1950.

Band XIV

*Heft 1 K a n n e n b e r g, Ernst-Günter: Die Steilufer der Schleswig-Holsteinischen Ostseeküste. Probleme der marinen und klimatischen Abtragung. 1951.

*Heft 2 L e i s t e r, Ingeborg: Rittersitz und adliges Gut in Holstein und Schleswig. 1952. (Gleichzeitig erschienen als Band 64 der Forschungen zur deutschen Landeskunde.)

Heft 3 R e h d e r s, Lenchen: Probsteierhagen, Fiefbergen und Gut Salzau: 1945-1950. Wandlungen dreier ländlicher Siedlungen in Schleswig-Holstein durch den Flüchtlingszustrom. 1953. X, 96 S., 29 Fig. im Text, 4 Abb. 5.00 DM

*Heft 4 B r ü g g e m a n n, Günter. Die holsteinische Baumschulenlandschaft. 1953.

Sonderband

*S c h o t t, Carl (Hrsg.): Beiträge zur Landeskunde von Schleswig-Holstein. Oskar Schmieder zum 60.Geburtstag. 1953. (Erschienen im Verlag Ferdinand Hirt, Kiel.)

Band XV

*Heft 1 L a u e r, Wilhelm: Formen des Feldbaus im semiariden Spanien. Dargestellt am Beispiel der Mancha. 1954.

*Heft 2 S c h o t t, Carl: Die kanadischen Marschen. 1955.

*Heft 3 J o h a n n e s, Egon: Entwicklung, Funktionswandel und Bedeutung städtischer Kleingärten. Dargestellt am Beispiel der Städte Kiel, Hamburg und Bremen. 1955.

*Heft 4 R u s t, Gerhard: Die Teichwirtschaft Schleswig-Holsteins. 1956.

Band XVI

*Heft 1 L a u e r, Wilhelm: Vegetation, Landnutzung und Agrarpotential in El Salvador (Zentralamerika). 1956.

*Heft 2 S i d d i q i, Mohamed Ismail: The Fishermen's Settlements on the Coast of West Pakistan. 1956.

*Heft 3 B l u m e, Helmut: Die Entwicklung der Kulturlandschaft des Mississippideltas in kolonialer Zeit. 1956.

Band XVII

*Heft 1 W i n t e r b e r g, Arnold: Das Bourtanger Moor. Die Entwicklung des gegenwärtigen Landschaftbildes und die Ursachen seiner Verschiedenheit beiderseits der deutsch-holländischen Grenze. 1957.

*Heft 2 N e r n h e i m, Klaus: Der Eckernförder Wirtschaftsraum. Wirtschaftsgeographische Strukturwandlungen einer Kleinstadt und ihres Umlandes unter besonderer Berücksichtigung der Gegenwart. 1958.

*Heft 3 H a n n e s e n, Hans: Die Agrarlandschaft der schleswig-holsteinischen Geest und ihre neuzeitliche Entwicklung. 1959.

Band XVIII

Heft 1 H i l b i g, Günter: Die Entwicklung der Wirtschafts- und Sozialstruktur der Insel Oléron und ihr Einfluß auf das Landschaftsbild. 1959. 178 S., 32 Fig. im Text und 15 S. Bildanhang. 9.20 DM

Heft 2 S t e w i g, Reinhard: Dublin. Funktionen und Entwicklung. 1959. 254 S. und 40 Abb. 10.50 DM

Heft 3 D w a r s, Friedrich W.: Beiträge zur Glazial- und Postglazialgeschichte Südostrügens. 1960. 106 S., 12 Fig. im Text und 6 S. Bildanhang. 4.80 DM

Band XIX

Heft 1 H a n e f e l d, Horst: Die glaziale Umgestaltung der Schichtstufenlandschaft am Nordrand der Alleghenies. 1960. 183 S., 31 Abb. und 6 Tab. 8.30 DM

*Heft 2 A l a l u f, David: Problemas de la propiedad agricola en Chile. 1961.

*Heft 3 S a n d n e r, Gerhard: Agrarkolonisation in Costa Rica. Siedlung, Wirtschaft und Sozialgefüge an der Pioniergrenze. 1961. (Erschienen bei Schmidt & Klaunig, Kiel, Buchdruckerei und Verlag.)

Band XX

*L a u e r, Wilhelm (Hrsg.): Beiträge zur Geographie der Neuen Welt. Oskar Schmieder zum 70.Geburtstag. 1961.

Band XXI

*Heft 1 S t e i n i g e r, Alfred: Die Stadt Rendsburg und ihr Einzugsbereich. 1962.

Heft 2 B r i l l, Dieter: Baton Rouge, La. Aufstieg, Funktionen und Gestalt einer jungen Großstadt des neuen Industriegebiets am unteren Mississippi. 1963. 288 S., 39 Karten, 40 Abb.im Anhang. 12.00 DM

*Heft 3 D i e k m a n n, Sibylle: Die Ferienhaussiedlungen Schleswig-Holsteins. Eine siedlungs- und sozialgeographische Studie. 1964.

Band XXII

*Heft 1 E r i k s e n, Wolfgang: Beiträge zum Stadtklima von Kiel. Witterungsklimatische Untersuchungen im Raume Kiel und Hinweise auf eine mögliche Anwendung der Erkenntnisse in der Stadtplanung. 1964.

*Heft 2 S t e w i g, Reinhard: Byzanz - Konstantinopel - Istanbul. Ein Beitrag zum Weltstadtproblem. 1964.

*Heft 3 B o n s e n, Uwe: Die Entwicklung des Siedlungsbildes und der Agrarstruktur der Landschaft Schwansen vom Mittelalter bis zur Gegenwart. 1966.

Band XXIII

*S a n d n e r, Gerhard (Hrsg.): Kulturraumprobleme aus Ostmitteleuropa und Asien. Herbert Schlenger zum 60.Geburtstag. 1964.

Band XXIV

Heft 1 W e n k, Hans-Günther: Die Geschichte der Geographie und der Geographischen Landesforschung an der Universität Kiel von 1665 bis 1879. 1966. 252 S., mit 7 ganzstg. Abb. 14.00 DM

Heft 2 B r o n g e r, Arnt: Lösse, ihre Verbraunungszonen und fossilen Böden, ein Beitrag zur Stratigraphie des oberen Pleistozäns in Südbaden. 1966. 98 S., 4 Abb. und 37 Tab. im Text, 8 S. Bildanhang und 3 Faltkarten. 9.00 DM

*Heft 3 K l u g, Heinz: Morphologische Studien auf den Kanarischen Inseln. Beiträge zur Küstenentwicklung und Talbildung auf einem vulkanischen Archipel. 1968. (Erschienen bei Schmidt & Klaunig, Kiel, Buchdruckerei und Verlag.)

Band XXV

*W e i g a n d, Karl: I. Stadt-Umlandverflechtungen und Einzugsbereiche der Grenzstadt Flensburg und anderer zentraler Orte im nördlichen Landesteil Schleswig. II. Flensburg als zentraler Ort im grenzüberschreitenden Reiseverkehr. 1966.

Band XXVI

*Heft 1 B e s c h, Hans-Werner: Geographische Aspekte bei der Einführung von Dörfergemeinschaftsschulen in Schleswig-Holstein. 1966.

*Heft 2 K a u f m a n n, Gerhard: Probleme des Strukturwandels in ländlichen Siedlungen Schleswig-Holsteins, dargestellt an ausgewählten Beispielen aus Ostholstein und dem Programm-Nord-Gebiet. 1967.

Heft 3 O l b r ü c k, Günter: Untersuchung der Schauertätigkeit im Raume Schleswig-Holstein in Abhängigkeit von der Orographie mit Hilfe des Radargeräts. 1967. 172 S., 5 Aufn., 65 Karten, 18 Fig. und 10 Tab. im Text, 10 Tab. im Anhang. 12.00 DM

Band XXVII

Heft 1 B u c h h o f e r, Ekkehard: Die Bevölkerungsentwicklung in den polnisch verwalteten deutschen Ostgebieten von 1956-1965. 1967. 282 S., 22 Abb., 63 Tab. im Text, 3 Tab., 12 Karten und 1 Klappkarte im Anhang. 16.00 DM

Heft 2 R e t z l a f f, Christine: Kulturgeographische Wandlungen in der Maremma. Unter besonderer Berücksichtigung der italienischen Bodenreform nach dem Zweiten Weltkrieg. 1967. 204 S., 35 Fig. und 25 Tab. 15.00 DM

Heft 3 B a c h m a n n, Henning: Der Fährverkehr in Nordeuropa - eine verkehrsgeographische Untersuchung. 1968. 276 S., 129 Abb. im Text, 67 Abb. im Anhang. 25.00 DM

Band XXVIII

*Heft 1 W o l c k e. Irmtraud-Dietlinde: Die Entwicklung der Bochumer Innenstadt. 1968.

*Heft 2 W e n k, Ursula: Die zentralen Orte an der Westküste Schleswig-Holsteins unter besonderer Berücksichtigung der zentralen Orte niederen Grades. Neues Material über ein wichtiges Teilgebiet des Programm Nord. 1968.

*Heft 3 W i e b e, Dietrich: Industrieansiedlungen in ländlichen Gebieten, dargestellt am Beispiel der Gemeinden Wahlstedt und Trappenkamp im Kreis Segeberg. 1968.

Band XXIX

Heft 1 V o r n d r a n, Gerhard: Untersuchungen zur Aktivität der Gletscher, dargestellt an Beispielen aus der Silvrettagruppe. 1968. 134 S., 29 Abb. im Text, 16 Tab. und 4 Bilder im Anhang. 12.00 DM

Heft 2 H o r m a n n, Klaus: Rechenprogramme zur morphometrischen Kartenauswertung. 1968. 154 S., 11 Fig. im Text und 22 Tab. im Anhang. 12.00 DM

Heft 3 V o r n d r a n, Edda: Untersuchungen über Schuttentstehung und Ablagerungsformen in der Hochregion der Silvretta (Ostalpen). 1969. 137 S., 15 Abb. und 32 Tab. im Text, 3 Tab. und 3 Klappkarten im Anhang. 12.00 DM

Band 30

*S c h l e n g e r, Herbert, Karlheinz P a f f e n, Reinhard S t e w i g (Hrsg.): Schleswig-Holstein, ein geographisch-landeskundlicher Exkursionsführer. 1969. Festschrift zum 33.Deutschen Geographentag Kiel 1969. (Erschienen im Verlag Ferdinand Hirt, Kiel; 2.Auflage, Kiel 1970.)

Band 31

M o m s e n, Ingwer Ernst: Die Bevölkerung der Stadt Husum von 1769 bis 1860. Versuch einer historischen Sozialgeographie. 1969. 420 S., 33 Abb. und 78 Tab. im Text, 15 Tab. im Anhang. 24.00 DM

Band 32

S t e w i g, Reinhard: Bursa, Nordwestanatolien. Strukturwandel einer orientalischen Stadt unter dem Einfluß der Industrialisierung. 1970. 177 S., 3 Tab., 39 Karten, 23 Diagramme und 30 Bilder im Anhang. 18.00 DM

Band 33

T r e t e r, Uwe: Untersuchungen zum Jahresgang der Bodenfeuchte in Abhängigkeit von Niederschlägen, topographischer Situation und Bodenbedeckung an ausgewählten Punkten in den Hüttener Bergen/Schleswig-Holstein. 1970. 144 S., 22 Abb., 3 Karten und 26 Tab. 15.00 DM

Band 34

*K i l l i s c h, Winfried F.: Die oldenburgisch-ostfriesischen Geestrandstädte. Entwicklung, Struktur, zentralörtliche Bereichsgliederung und innere Differenzierung. 1970.

Band 35

R i e d e l, Uwe: Der Fremdenverkehr auf den Kanarischen Inseln. Eine geographische Untersuchung. 1971. 314 S., 64 Tab., 58 Abb. im Text und 8 Bilder im Anhang. 24.00 DM

Band 36

H o r m a n n, Klaus: Morphometrie der Erdoberfläche. 1971. 189 S., 42 Fig., 14 Tab. im Text. 20.00 DM

Band 37

S t e w i g, Reinhard (Hrsg.): Beiträge zur geographischen Landeskunde und Regionalforschung in Schleswig-Holstein. 1971. Oskar Schmieder zum 80.Geburtstag. 338 S., 64 Abb., 48 Tab. und Tafeln. 28.00 DM

Band 38

S t e w i g, Reinhard und Horst-Günter W a g n e r (Hrsg.): Kulturgeographische Untersuchungen im islamischen Orient. 1973. 240 S., 45 Abb., 21 Tab. und 33 Photos. 29.50 DM

Band 39

K l u g, Heinz (Hrsg.): Beiträge zur Geographie der mittelatlantischen Inseln. 1973. 208 S., 26 Abb., 27 Tab. und 11 Karten. 32.00 DM

Band 40

S c h m i e d e r, Oskar: Lebenserinnerungen und Tagebuchblätter eines Geographen. 1972. 181 S., 24 Bilder, 3 Faksimiles und 3 Karten. 42.00 DM

Band 41

K i l l i s c h, Winfried F. und Harald T h o m s: Zum Gegenstand einer interdisziplinären Sozialraumbeziehungsforschung. 1973. 56 S., 1 Abb. 7.50 DM

Band 42

N e w i g, Jürgen: Die Entwicklung von Fremdenverkehr und Freizeitwohnwesen in ihren Auswirkungen auf Bad und Stadt Westerland auf Sylt. 1974. 222 S., 30 Tab., 14 Diagramme, 20 kartographische Darstellungen und 13 Photos. 31.00 DM

Band 43

*K i l l i s c h, Winfried F.: Stadtsanierung Kiel-Gaarden. Vorbereitende Untersuchung zur Durchführung von Erneuerungsmaßnahmen. 1975.

Kieler Geographische Schriften

Band 44, 1976 ff.

Band 44

K o r t u m, Gerhard: Die Marvdasht-Ebene in Fars. Grundlagen und Entwicklung einer alten iranischen Bewässerungslandschaft. 1976. XI, 297 S., 33 Tab., 20 Abb. 38.50 DM

Band 45

B r o n g e r, Arnt: Zur quartären Klima- und Landschaftsentwicklung des Karpatenbeckens auf (paläo-) pedologischer und bodengeographischer Grundlage. 1976. XIV, 268 S., 10 Tab., 13 Abb. und 24 Bilder. 45.00 DM

Band 46

B u c h h o f e r, Ekkehard: Strukturwandel des Oberschlesischen Industriereviers unter den Bedingungen einer sozialistischen Wirtschaftsordnung. 1976. X, 236 S., 21 Tab. und 6 Abb., 4 Tab und 2 Karten im Anhang. 32.50 DM

Band 47

W e i g a n d, Karl: Chicano - Wanderarbeiter in Südtexas. Die gegenwärtige Situation der Spanisch sprechenden Bevölkerung dieses Raumes. 1977. IX, 100 S., 24 Tab. und 9 Abb., 4 Abb. im Anhang. 15.70 DM

Band 48

W i e b e, Dietrich: Stadtstruktur und kulturgeographischer Wandel in Kandahar und Südafghanistan. 1978. XIV, 326 S., 33 Tab., 25 Abb. und 16 Photos im Anhang. 36.50 DM

Band 49

K i l l i s c h, Winfried F.: Räumliche Mobilität - Grundlegung einer allgemeinen Theorie der räumlichen Mobilität und Analyse des Mobilitätsverhaltens der Bevölkerung in den Kieler Sanierungsgebieten. 1979. XII, 208 S., 30 Tab. und 39. Abb., 30 Tab. im Anhang. 24.60 DM

Band 50

P a f f e n, Karlheinz und Reinhard S t e w i g (Hrsg.): Die Geographie an der Christian-Albrechts-Universität 1879-1979. Festschrift aus Anlaß der Einrichtung des ersten Lehrstuhles für Geographie am 12. Juli 1879 an der Universität Kiel. 1979. VI, 510 S., 19 Tab. und 58 Abb. 38.00 DM

Band 51

S t e w i g, Reinhard, Erol T ü m e r t e k i n, Bedriye T o l u n, Ruhi T u r f a n, Dietrich W i e b e und Mitarbeiter: Bursa, Nordwestanatolien. Auswirkungen der Industrialisierung auf die Bevölkerungs- und Sozialstruktur einer Industriegroßstadt im Orient. Teil 1. 1980. XXVI, 335 S., 253 Tab. und 19 Abb. 32.00 DM

Band 52

B ä h r, Jürgen und Reinhard S t e w i g (Hrsg.): Beiträge zur Theorie und Methode der Länderkunde. Oskar Schmieder (27. Januar 1891 - 12. Februar 1980) zum Gedenken. 1981. VIII, 64 S., 4 Tab. und 3 Abb. 11.00 DM

Band 53

M ü l l e r, Heidulf E.: Vergleichende Untersuchungen zur hydrochemischen Dynamik von Seen im Schleswig-Holsteinischen Jungmoränengebiet. 1981. XI, 208 S., 16 Tab., 61 Abb. und 14 Karten im Anhang. 25.00 DM

Band 54

A c h e n b a c h, Hermann: Nationale und regionale Entwicklungsmerkmale des Bevölkerungsprozesses in Italien. 1981. IX, 114 S., 36 Fig. 16.00 DM

Band 55

D e g e, Eckart: Entwicklungsdisparitäten der Agrarregionen Südkoreas. 1982. XXII, 332 S., 50 Tab., 44 Abb. und 8 Photos im Textband sowie 19 Kartenbeilagen in separater Mappe. 49.00 DM

Band 56

B o b r o w s k i, Ulrike: Pflanzengeographische Untersuchungen der Vegetation des Bornhöveder Seengebiets auf quantitativ-soziologischer Basis. 1982, XIV, 175 S., 65 Tab., 19 Abb. 23.00 DM

Band 57

S t e w i g, Reinhard (Hrsg.): Untersuchungen über die Großstadt in Schleswig-Holstein. 1983. X, 194 S., 46 Tab., 38 Diagr. und 10 Abb. 24.00 DM

Band 58

B ä h r, Jürgen (Hrsg.): Kiel 1879-1979. Entwicklung von Stadt und Umland im Bild der Topographischen Karte 1 : 25 000. Zum 32. Deutschen Kartographentag vom 11.-14. Mai 1983 in Kiel. 1983. III, 192 S., 21 Tab., 38 Abb. mit 2 Kartenblättern in Anlage. ISBN 3-923887-00-0. 28.00 DM

Band 59

G a n s, Paul: Raumzeitliche Eigenschaften und Verflechtungen innerstädtischer Wanderungen in Ludwigshafen/Rhein zwischen 1971 und 1978. Eine empirische Analyse mit Hilfe des Entropiekonzeptes und der Informationsstatistik. 1983. XII, 226 S., 45 Tab., 41 Abb. ISBN 3-923887-01-9. 30.00 DM

Band 60

P a f f e n †, Karlheinz und K o r t u m, Gerhard: Die Geographie des Meeres. Disziplingeschichtliche Entwicklung seit 1650 und heutiger methodischer Stand. 1984. XIV, 293 Seiten, 25 Abb. ISBN 3-923887-02-7. 36.00 DM

Band 61

*B a r t e l s †, Dietrich u.a.: Lebensraum Norddeutschland. 1984. IX, 139 Seiten, 23 Tabellen und 21 Karten. ISBN 3-923887-03-5. 22.00DM

Band 62

K l u g, Heinz (Hrsg.): Küste und Meeresboden. Neue Ergebnisse geomorphologischer Feldforschungen. 1985. V, 214 Seiten, 66 Abb., 45 Fotos, 10 Tabellen. ISBN 3-923887-04-3. 39.00 DM

Band 63

K o r t u m, Gerhard: Zuckerrübenanbau und Entwicklung ländlicher Wirtschaftsräume in der Türkei. Ausbreitung und Auswirkung einer Industriepflanze unter besonderer Berücksichtigung des Bezirks Beypazari (Provinz Ankara). 1986. XVI, 392 Seiten, 36 Tab., 47 Abb. und 8 Fotos im Anhang. ISBN 3-923887-05-1. 45.00 DM

Band 64

F r ä n z l e, Otto (Hrsg.): Geoökologische Umweltbewertung. Wissenschaftstheoretische und methodische Beiträge zur Analyse und Planung. 1986. VI, 130 Seiten, 26 Tab., 30 Abb. ISBN 3-923887-06-X. 24.00 DM

Band 65

S t e w i g, Reinhard: Bursa, Nordwestanatolien. Auswirkungen der Industrialisierung auf die Bevölkerungs- und Sozialstruktur einer Industriegroßstadt im Orient. Teil 2. 1986. XVI, 222 Seiten, 71 Tab., 7 Abb. und 20 Fotos. ISBN 3-923887-07-8. 37.00 DM

Band 66

S t e w i g, Reinhard (Hrsg.): Untersuchungen über die Kleinstadt in SchleswigHolstein. 1987. VI, 370 Seiten, 38 Tab., 11 Diagr. und 84 Karten. ISBN 3-923887-08-6. 48.00 DM

Band 67

A c h e n b a c h, Hermann: Historische Wirtschaftskarte des östlichen Schleswig-Holstein um 1850. 1988. XII, 277 Seiten, 38 Tab., 34 Abb., Textband und Kartenmappe. ISBN 3-923887-09-4. 67.00 DM

Band 68

B ä h r, Jürgen (Hrsg.): Wohnen in lateinamerikanischen Städten - Housing in Latin American cities. 1988. IX, 299 Seiten, 64 Tab., 71 Abb. und 21 Fotos.
ISBN 3-923887-10-8. 44.00 DM

Band 69

B a u d i s s i n - Z i n z e n d o r f, Ute Gräfin von: Freizeitverkehr an der Lübecker Bucht. Eine gruppen- und regionsspezifische Analyse der Nachfrageseite. 1988. XII, 350 Seiten, 50 Tab., 40 Abb. und 4 Abb. im Anhang.
ISBN 3-923887-11-6. 32.00 DM

Band 70

H ä r t l i n g, Andrea: Regionalpolitische Maßnahmen in Schweden. Analyse und Bewertung ihrer Auswirkungen auf die strukturschwachen peripheren Landesteile. 1988. IV, 341 Seiten, 50 Tab., 8 Abb. und 16 Karten.
ISBN 3-923887-12-4. 30.60 DM

Band 71

P e z, Peter: Sonderkulturen im Umland von Hamburg. Eine standortanalytische Untersuchung. 1989. XII, 190 Seiten, 27 Tab. und 35 Abb.
ISBN 3-923887-13-2. 22.20 DM

Band 72

K r u s e, Elfriede: Die Holzveredelungsindustrie in Finnland. Struktur- und Standortmerkmale von 1850 bis zur Gegenwart. 1989. X, 123 Seiten, 30 Tab., 26 Abb. und 9 Karten.
ISBN 3-923887-14-0. 24.60 DM

Band 73

B ä h r, Jürgen, Christoph C o r v e s & Wolfram N o o d t (Hrsg.): Die Bedrohung tropischer Wälder: Ursachen, Auswirkungen, Schutzkonzepte. 1989. IV, 149 Seiten, 9 Tab., 27 Abb.
ISBN 3-923887-15-9. 25.90 DM

Band 74

B r u h n, Norbert: Substratgenese - Rumpfflächendynamik. Bodenbildung und Tiefenverwitterung in saprolitisch zersetzten granitischen Gneisen aus Südindien. 1990. IV, 191 Seiten, 35 Tab., 31 Abb. und 28 Fotos.
ISBN 3-923887-16-7. 22.70 DM

Band 75

P r i e b s, Axel: Dorfbezogene Politik und Planung in Dänemark unter sich wandelnden gesellschaftlichen Rahmenbedingungen. 1990. IX, 239 Seiten, 5 Tab., 28 Abb.
ISBN 3-923887-17-5. 33.90 DM

Band 76

S t e w i g, Reinhard: Über das Verhältnis der Geographie zur Wirklichkeit und zu den Nachbarwissenschaften. Eine Einführung. 1990. IX, 131 Seiten, 15 Abb.
ISBN 3-923887-18-3 25.00 DM

Band 77

G a n s, Paul: Die Innenstädte von Buenos Aires und Montevideo. Dynamik der Nutzungsstruktur, Wohnbedingungen und informeller Sektor. 1990. XVIII, 252 Seiten, 64 Tab., 36 Abb. und 30 Karten in separatem Kartenband.
ISBN 3-923887-19-1. 88.00 DM

Band 78

B ä h r, Jürgen & Paul G a n s (eds): The Geographical Approach to Fertility. 1991. XII, 452 Seiten, 84 Tab. und 167 Fig.
ISBN 3-923887-20-5. 43.80 DM

Band 79

R e i c h e, Ernst-Walter: Entwicklung, Validierung und Anwendung eines Modellsystems zur Beschreibung und flächenhaften Bilanzierung der Wasser- und Stickstoffdynamik in Böden. 1991. XIII, 150 Seiten, 27 Tab. und 57 Abb.
ISBN 3-923887-21-3. 19.00 DM